ホタルイカ
不思議の海の妖精たち

山本勝博　著

稲村　修　監修

ホタルイカ（メス）

発光中のホタルイカ（メス）

「ホタルイカの身投げ」

ホタルイカの網おこし（滑川沖の漁場　滑川市商工水産課提供）

ホタルイカ解剖教室
（滑川市教育委員会主催　ディスカバー滑川ふれあい事業）

はじめに

　まだ立山連峰が雪で輝く早春，朝３時の海は暗くて寒い。漁船が沖合約１〜２kmの定置網に到着します。やがて身網が引き上げられると青白い光が網の形に輝き，ホタルイカがカゴに流し込まれます。毎年３月１日から６月中旬まで行われる富山湾のホタルイカ定置網漁の光景です。

　ホタルイカは，世界でも日本の周辺海域にしかいないといわれています。しかも産卵のために沿岸の海面近くまで漁業ができるほど大量にやってくるのは，富山湾に面した射水市から魚津市までの湾奥部の海岸に限られています。それぞれの生物は，その種に最もふさわしい環境を求めて多く集まると考えれば，このあたり一帯はホタルイカの産卵にとって最良の場所の一つなのかもしれません。春先にのみ訪れる海の使者に感謝しながら，その神秘的な光と不思議な体の謎に迫ってみることにしましょう。ホタルイカは産卵をした後，約一年間の短い寿命を終えるといわれています。親（メス）は産卵後まもなく死ぬので，成体の飼育が難しく，水槽内での観察は２〜３日間と限られています。それでも生きたままでの観察は地元だからこそできる利点といえます。

　私は高校で生物クラブの指導をしながら，生徒とともにホタルイカについて調べてきました。私にとってホタルイカを研究するには「魚津水族館」や「ほたるいかミュージアム」が近くにあり，大変恵まれた環境にいました。退職後は，地域の子供たちに「ホタルイカ解剖教室」を開いて，ホタルイカの魅力を伝えています。2012年には「ほたるいかミュージアム」のアドバイザーにさせていただき，より深くホタルイカと関わることができるようになりました。

　ホタルイカについては，竹嶋光男氏の「ホタルイカ（1965）」，稲村修氏の「ほたるいかのはなし（1994）」，奥谷喬司氏の「ホタルイカの素顔（2000）」など学術的，総合的な著書があります。私はあまり専門的ではありませんが，なるべくわかりやすく，子供から大人までひろく理解していただくためのガイドブックを作ろうと考えました。内容については，「ホタルイカの体とその働き」を中心に「ホタルイカのおもな研究の紹介」「ホタルイカに関する話題」などについてまとめてみました。また，今まで撮りためたホタルイカに関する写真と私の観察メモなども入れてみました。

　本書の出版にあたり，生きたホタルイカの提供と研究のサポートをしていただいた「ほたるいかミュージアム」の小林昌樹氏はじめ職員の方々，ホタルイカ研究の場と本の出版にご協力いただいた上田昌孝滑川市長はじめ関係職員の皆様，ホタルイカ漁について教えていただいた滑川春網ホタルイカ定置組合元副組合長の水井秀逸氏，ホタルイカやホタルイカモドキなどの提供をしていただいた「（有）カネツル砂子商店」の砂子良治氏など，多くの方々にご指導ご協力をいただきましたことを感謝申し上げます。

　本書の内容に関しては，東京海洋大学准教授土屋光太郎博士，元富山県農林水産総合技術センター水産研究所副所長の内山勇氏，同主任研究員南條暢聡博士，元名城大学薬学部

圍久江博士，北里大学名誉教授山科正平博士，上越環境科学センター環境部計画調査課主幹高橋卓氏をはじめ多くの方々にご指導，ご助言をいただきましたことをここに深く感謝申し上げます。さらに，ホタルイカの研究では第一人者である魚津水族館館長稲村修博士には本書の監修をしていただき，出版にこぎつけることができました。心より感謝いたします。

　また，巻末に記した文献から多くの知見を引用させていただきましたことを深く感謝いたします。加えて本書の出版にあたり，ご尽力をいただいた桂書房の勝山敏一氏に心よりお礼申し上げます。

　特別天然記念物の海，富山湾がいつまでもホタルイカの「ゆりかご」であることを祈ります。

ホタルイカ　その身一つに　天の川　　　　　　　　　山本勝博

も　く　じ

はじめに……………………………………………………………………………………………… 5

1　不思議の海　富山湾 ………………………………………………………………………… 9
（1）日本で二つ目　9／（2）特殊な地形　9／（3）深層水　9／（4）奇観　11

2　ホタルイカの体とはたらき ………………………………………………………………… 13
（1）頭足類　13／（2）メスとオス　13／（3）外套膜　15／（4）ロート　17／（5）腕とカラストンビ　17／
（6）眼　21／（7）発光器　23／（8）卵巣　27／（9）輸卵管腺　29／（10）精きょう　29／
（11）オスの生殖器官　31／（12）エラ　31／（13）心臓　33／（14）血管　33／（15）消化管　33／
（16）肝臓　35／（17）神経　35／（18）その他の器官　35

3　ホタルイカの発光 ……………………………………………………………………………… 37
（1）腕発光器の発光　41／（2）皮膚発光器の発光　41／（3）眼発光器の発光　41

4　進むホタルイカの研究 ………………………………………………………………………… 44
（1）ホタルイカの色覚　44／（2）ホタルイカの発光の目的　45／
（3）発光のしくみ　47／（4）ホタルイカの分布と回遊経路　49／
（5）産卵・産卵行動・発生・餌　51

5　もっと知りたいホタルイカ …………………………………………………………………… 57
（1）ホタルイカの進化と名前　57／（2）天然記念物　61／（3）漁法と漁獲高　63／（4）食物連鎖　69／
（5）ホタルイカとホタル　69／（6）発光生物　71／（7）ホタルイカの不思議な生態　71

6　人とホタルイカ ………………………………………………………………………………… 77
（1）食べる　77／（2）見る　79／（3）祈る　81／（4）楽しむ　81

7　迷宮のようなホタルイカの世界 ……………………………………………………………… 83
（1）飼育　83／（2）なぜホタルイカが富山湾の東側に多く集まるのだろう　85／（3）その他の謎　85

8　ホタルイカに関連する施設 …………………………………………………………………… 88

付録　ホタルイカの解剖 …………………………………………………………………………… 91

おわりに………………………………………………………………………………… 山本　勝博　99

富山湾に浮かぶ立山連峰(「世界で最も美しい湾クラブ」に加盟) 写真1

富山湾にそそぐ早月川(サケの遡上(そじょう)見学会) 写真2

1 不思議の海 富山湾

（1）日本で二つ目（世界で最も美しい湾クラブに加盟） 富山湾は2014年10月18日に松島湾に次ぐ日本で二番目となる「世界で最も美しい湾クラブ」に加盟しました。富山湾の素晴らしさをあげてみると「海に浮かぶ北アルプスの剱岳，立山の峰々（写真1）」，「天然の生けすともいえる新鮮でおいしい魚介類の生息環境」，「自然環境にやさしい持続可能なエコ漁法である定置網を主とする漁業」，「蜃気楼，ホタルイカ群遊海面，海底林，魚津埋没林などの世界に類を見ない奇観群」，「豊かな海は，豊かな森づくりからとの考えから行われている活動」などがあります。富山湾を含む富山県の自然環境は，標高3,000mの山岳地帯から水深1,000mの深海まで変化に富み，世界的にみても奇跡の箱庭のような場所となっています。

（2）特殊な地形（能登半島に囲まれた深い生けす） 富山湾は日本海側の中央部に位置し，能登半島に囲まれた比較的波静かな，ほぼ円形の湾です。また，駿河湾や相模湾と並び日本で最も深い湾の一つとなっています。

「日本全国沿岸海洋誌（日本海洋学会, 1987）」によると，『湾内には陸上と同じような谷（海谷）や尾根（海脚）がある。とくに神通川の沖には大きな神通海脚があって，富山湾を東西に分けるような構造になっている。谷頭のことを漁師の人たちは「あいがめ」や「ふけ」と呼び，定置網が多く設置される漁場となっている。富山湾の地形には，もう一つの特徴がある。それは大陸棚（沿岸から水深約200mまでの緩やかな傾斜の海底）が狭いことである。富山湾の東部では大陸棚の発達が極めて悪く，黒部川以東でやや広くなっている。富山湾西部の海では大陸棚が約6〜7kmとなっているのと対照的である。』（図1）と書かれています。

さらに，富山県には多くの河川があります。県東部の河川は，立山連峰の雪解け水が清流となって，豊富な栄養塩類とともに富山湾にそそいでいます（写真2）。山岳地帯から平坦なところに流れ出た河川は，扇状地を作っています。また大量の伏流水がいたるところで湧水となってあふれ，全国名水百選に選ばれた場所が多く知られています。また，県中央部の神通川や県西部の庄川は，岐阜県を水源として年間を通して豊かな水を富山湾に供給しています。

（3）深層水（きれいで栄養たっぷりの海水） 日本海は北から寒流のリマン海流，南から暖流の対馬海流が流れていますが，富山湾には対馬海流が流れ込み，水深約300mまでは比較的暖かい海となっています。そのため暖流系のブリなどが富山湾に入ってきます。珍しいものとしてはダイオウイカがたびたび捕獲されています。一方，水深約300m以深は，日本海固有水と呼ばれる深層水があり，冷たい海水を好むゲンゲ類，ベニズワイガニ，バイなどが生息しています。深層水は四季を通じて水温2℃以下と冷たく，栄養塩が豊かで酸素も多く，細菌の少ないことが分かっています。深層水は飲料水や食品加工の原料として利用されるだけでなく，栽培漁業や農業，医療にまでその価値が高まってきています。深層水が研究され始めてからまだ日が浅く，その効用の化学的裏付けがこれからますます明らかにされていくことでしょう。

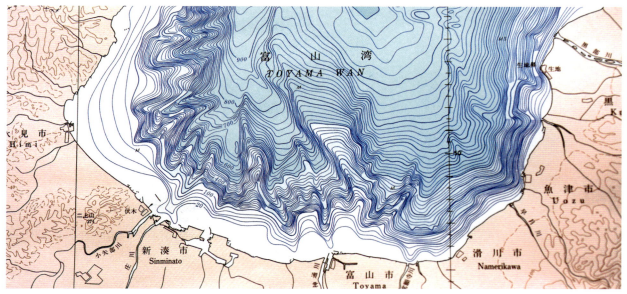

富山湾海底地形図（白いところが大陸棚）（海上保安庁NO.6662）図1

魚津市の海岸から見た蜃気楼（しんきろう）（魚津埋没林博物館提供）写真3

魚津埋没林（魚津埋没林博物館提供）写真4

（4）奇観（富山湾で起こる不思議な現象）

・**ホタルイカ群遊海面**　ホタルイカは日本近海に広く分布していますが，毎年春先の決まった時期に，海岸近くに漁業が成り立つほど大量に集まって産卵する行動は，富山湾の中部から東部沿岸に限られています。これは急に深くなる富山湾の海底地形に深い関係があるようです。発光するイカが産卵のために沿岸に集まってくる行動が世界でただ一か所だけ見られるため，このうちの東部沿岸海域は，国の特別天然記念物に指定されています。

・**春と冬の蜃気楼**　蜃気楼は，海面や地面が熱せられたり冷やされたりしてできた空気層と，その上や隣の空気層との間に温度差があると，遠くの風景から出た光が屈折して私たちの目に届くとき，その景色が伸びたり，さかさまになったり，いくつにも見えたりする現象です。夏のアスファルト道路の逃げ水や砂漠の蜃気楼がその例です。富山湾の蜃気楼の発生理由については，「富山湾では春に海面近くに空気の冷たい層ができ，その上層に暖かい空気層が移流して発生する上位蜃気楼と，冬に海面近くに空気の温かい層ができ，上層が冷たい空気層になって発生する下位蜃気楼がある（木下・市瀬，2000）。」と報告されています。とくに春先に魚津市の「海の駅蜃気楼」付近の海岸から見える東側の黒部方面と西側の富山方面の蜃気楼が有名で，遠方の景色がバーコードのように伸びて見えます（写真3）。シーズンになると，双眼鏡や望遠レンズ付きのカメラを持った人たちなどでにぎわいます。4月から5月が最も出やすく，気温は18〜25℃ぐらいといわれています。魚津市は「蜃気楼の見える街」としてよく知られています。

・**魚津埋没林・海底林**　富山大学名誉教授の藤井昭二博士の書かれた「大地の記憶（2000）」によると『魚津埋没林（写真4）は，昭和5年（1930）に魚津港改修工事のときに発見されたもので，スギが主でほかにハンノキやカシが発見された。発見された地層の中層は，丸い礫と砂で洪水による堆積物と思われる。その下に埋没林の層があり，泥炭層がレンズ状に分布している。魚津埋没林は，弥生期の海面が低下しているときに形成されたもので，樹齢数百年の巨木が多く，国の特別天然記念物に指定されている。』と記されています。根が残ったのは，きれいな地下水が，腐敗を抑えたからだと考えられています。また『海底林は，昭和55年（1980）に入善沖（下新川郡入善町）の水深40mのところで発見され，調査の結果水深20〜40m，岸から500〜1,000mの沖合に海岸に並行して約3km続いている。樹種はハンノキやヤナギが86％を占めている。（中略）測定は放射性炭素14法により7,570〜10,150年前という値であった。』と書かれています。魚津埋没林や海底林は，地球の温暖化や寒冷化による海面の変化と大地のエネルギーによって作られたと考えると，地球の息遣いが聞こえるようです。魚津埋没林は，魚津市の魚津埋没林博物館で見ることができます。

ホタルイカの体（外観）

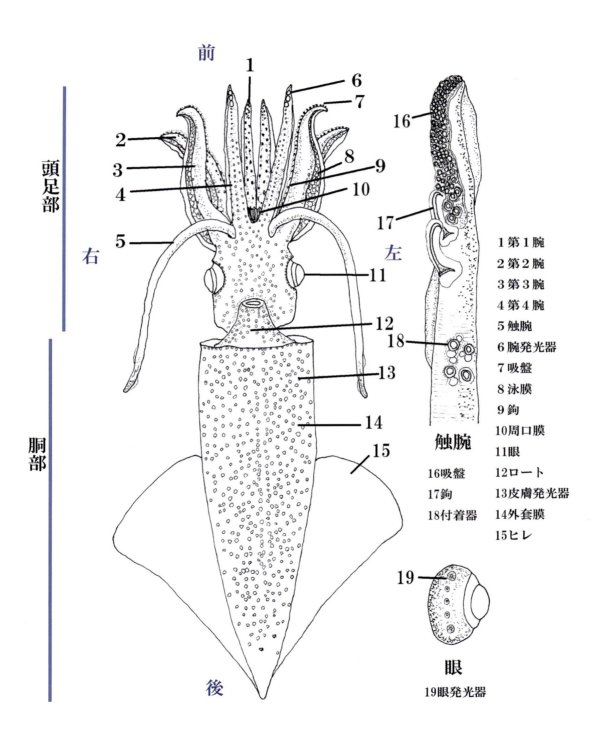

ホタルイカ（メス）の腹面図　図2

2　ホタルイカの体とはたらき

　ホタルイカは，スルメイカによく似た小さなイカです。イカの一般的な体について図と写真を見ながら，ホタルイカの特徴（とくちょう）を調べていきましょう。

（1）頭足類（頭から出ている腕）　ホタルイカの図を見て下さい（図2）。逆立（さかだ）ちをしているようでおかしいですね。でもこれが正しい描（か）き方です。イカやタコの仲間は，前の方に手足があって，次に頭があり頭の後ろに胴体があります。ヒトや昆虫といった一般の動物のように上が頭でその下に胴体があって，胴体に手や足が付いているのとは違（ちが）うわけです。そのため，頭に手足が生えている格好（かっこう）になります。それで頭足類と呼ばれています。イカは，腕のある方が前でヒレのある方が後となります（写真5）。

ホタルイカ（メス）（右が前で左が後）写真5

ちょっと一息　「ヒトとホタルイカ」　もしヒトがホタルイカだったらどんな姿になるのでしょうか。「頭から手足が出ていて，よく光るおなかをもっている。目がいやに大きくて，口は頭のてっぺんにあり，鼻（はな）はあごの下に飛び出した管になっている。陸上では生きていけない生き物」というところでしょうか。生物はすむ場所や生活のしかたによって，長い時間をかけて体の形やはたらきが進化してきました。

（2）メスとオス（大きくなって分かる違（ちが）い）　ホタルイカは外套膜（がいとうまく）の長さが約7cm（メス）足らずの小型のイカです（イカの腕は長さが変化するので，外套膜で測（はか）ります）。メスとオスの違（ちが）い

ホタルイカのメス（上）とオス（下）　写真6

腕に付く泳膜（えいまく）　写真7

外套膜（がいとうまく）（腹側）（褐色は色素胞，青色は発光器）
写真8

は，メスは大きく胴体がずんぐりしているのに対して，オスは小さく鋭い円錐形をしています。こ
れはメスの体内で卵がいっぱい入った卵巣が成熟しているためです。産卵期を迎える２月下旬ごろ
からメスとオスの違いがはっきりと現れます。またメスは，赤褐色の肝臓などが外套膜を通して見
えます。ホタルイカのメスとオスの違いを比べてみましょう（写真６）。

ホタルイカのメスとオスの違い（成体）

	メス	オス
外套膜の長さ	54～71mm＊	44～54mm＊
全体の形	ずんぐりした円筒形	先のとがった円錐形
第４腕	左腕と右腕は同じ形	右腕の先端が変形
外から見た内臓のようす	肝臓が透きとおって赤褐色に見える	外套膜が不透明で観察しにくい
重量	約8.5ｇ＊	約5.4ｇ＊
精きょう（精子の入った袋）	背中に付いている	背中にはなく内臓としてある

＊（竹嶋，1965）

ちょっと一息　　　「メスとオス」　　一般的にメスとオスは，高等動物では大きさや色などで区別
しやすいのですが，ミミズやカタツムリ（マイマイ）のように雌雄同体といって一つの体で卵や精
子を作るので，メスとオスの区別ができない動物もいます。魚類のなかにはメスとオスが成長の途
中で変わる（性転換といいます）種類もあり，性は絶対的なものではありません。生物のメスとオ
スは違う設計図（ＤＮＡ）を持っていて，それを合わせて子供ができるので，両親にはない新しい
性質が表れることもあります。そのため環境の変化にも強い子供が生まれる可能性もあるわけです。

（３）外套膜（変色するマント，運動には欠かせない）　　外套膜の外套とはマントのことで，内臓
を覆い守っています（写真６）。これをふくらませたり，縮めたりして呼吸や運動をするために輪
のような筋肉が発達しています。イカを煮たり焼いたりすると，リングのように横に切れやすいの
はそのためです。ホタルイカの呼吸回数は水温によって変わります。観察したところ，水温11℃
で１分間に約60回，20℃では１分間に約100回のリズムで呼吸をしていました。ヒトとは違って変
温動物ですから，水温が変化すると呼吸回数も変化します。外套膜の後ろの方には，バランスをと
るためのヒレが付いています。アカイカの仲間には，このヒレや腕についた泳膜（写真７）を使っ
てトビウオのように空を飛ぶものもいます。外套膜の背中側には，色素胞がたくさんあって，腹側
より濃い色をしています。腹側には色素胞のほかに，多くの発光器が付いています（写真８）。色
素胞には，褐色の色素を含んだ細胞があり，まわりから筋肉で引っ張られています。筋肉が収縮す
ると色素胞が広がって全身が赤褐色となり，筋肉がゆるむと色素胞が小さくなって全身が透き通っ
て見えます（メス）。これはイカが背景の色に合わせて体の色を変え，敵から身を守るために役立っ
ていて，保護色と呼ばれています。イカが新鮮なうちは，色素胞の運動を見ることができます。色
素胞は神経で調節されていて素早く変化します。

ちょっと一息　　「保護色」　　最近では捕食者（食べる側）も被食者（食べられる側）も相手から

アマガエルの保護色　写真9

ロート（口ではありません）写真10

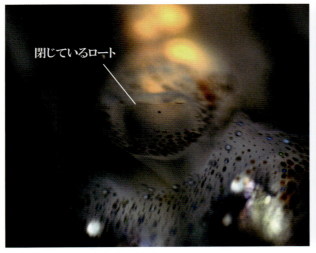
海水を吸いこむとき　写真11
（ロートの弁を閉じます）

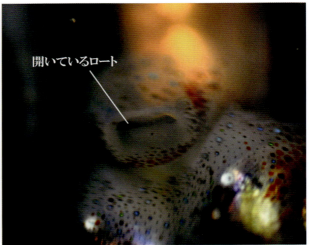
海水を吐き出すとき　写真12
（ロートの弁を開きます）

海水を噴出するロート　写真13

身を隠すので，広い意味で隠ぺい色と呼ばれるようになりました。捕食者の例としてホッキョクグマやシロハヤブサがいます。保護色は，イカやタコなどの軟体動物だけでなく，無セキツイ動物では昆虫類やカニ・エビ，セキツイ動物では魚類，両生類，ハ虫類が知られています。イカやタコの色素胞の調節は，神経ですばやく一瞬のうちに行われるのに対して，カエルの色素胞はホルモンで調節されるため，周囲の色に変化するまで時間がかかります。身近にはアマガエルがいます（写真9）。セキツイ動物のホ乳類や鳥類には，すばやく体色を変化できるものはいませんが，ウサギやライチョウのように，季節によって毛や羽が生え換わり体の色を変えるものもいます。これを季節型とよんでいます。

（4）ロート（ロケットダッシュはお手の物）　ホタルイカの腹側の外套膜と頭部の間に三角形の器官があります。よく見ると，穴があいていて管のようになっています。これはロートと呼ばれる器官です（写真10）。ロートは海水などが出るところで，口とよく間違えられます。海水は外套膜と頭部のすき間から入り，ロートからはき出されます（写真13）。外套膜を膨らませて海水を吸い込み，海水をロートの方に送り出しています。一方，ロートの先には弁が付いていて，ここから海水は入ってきません（写真11,12）。ロートからは，海水と一緒にいろいろなものが出てきます。スミ，糞，卵，精きょう（精子の入った袋），二酸化炭素などです。このことから，ロートはロケット運動，体の防御，排出，生殖，呼吸などの大切な働きをしていることが分かります。ロートとよく似た構造は，ハマグリやアサリにも見られます。貝殻から少しはみでている管で，入水管と出水管があります。

ちょっと一息　「ホタルイカが鳴く？」　ホタルイカをタモですくったり，手で捕えたりすると「キューキュー」という声のような音を出します。ところがホタルイカには，鳴くための器官はありません。ホタルイカは空気中に出されたため，まわりには海水がなく外套膜に空気だけが入ります。ロートから空気の混じった海水を吐き出すときの音がキューキューと聞こえるのだと考えられます。

（5）腕とカラストンビ（小さいけれど肉食系）　頭からたくさんの腕が出ています。頭足類といいながら腕というのはおかしいですね。チンパンジーやゴリラのように樹上で生活する猿たちは，前足を歩くのに使ったり，枝や食べ物をつかむために使ったりしているので，足と腕の両方の働きをしています。足は歩いたり体を支えたりするためのもので，腕は物をつかむための器官だとすれば，イカの足は腕と呼ぶ方がいいようですね。

　ホタルイカの腕は，背中から腹側まで，順に第1腕，第2腕，第3腕，第4腕と付いていて，四対で計8本あります。このほかに特別な形と働きを持つ触腕が一対あって全体で10本あります（写真14）。よく似た形をしている四対のうち第1腕が最も短く，第4腕は最も長くなっています。第2腕と第3腕が同じぐらいの長さです。第1腕から第4腕には泳膜が付いています。また，先端の少し入ったところから付け根まで，先が鋭く曲がった鉤が各腕の内側に付いています（写真15）。腕の先端部分は吸盤になっていて，その中にノコギリのような歯をもっています（写真16）。これらの歯は滑り止めの働きをしています。腕は，鉤や吸盤で獲物を抑え込んだり，泳膜で泳ぐとき

腕（全部で10本あります）写真14

鉤（かぎ）（第1～4腕）写真15

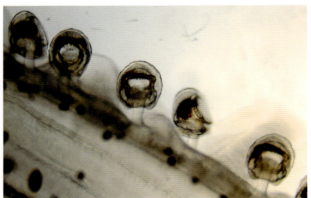
吸盤（きゅうばん）（第1～3腕）写真16

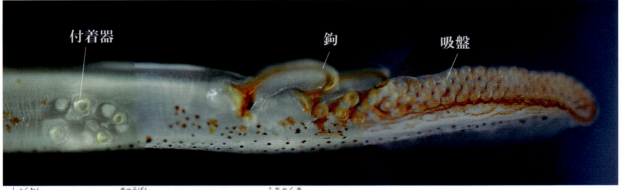
触腕（しょくわん）（先端から順に吸盤（きゅうばん）・大きな2個のカギ・付着器（ふちゃくき）が付いています）写真17

のバランスをとったりしています。第4腕の先には大きな発光器が付いており吸盤はありません。第3腕と第4腕の内側から，10本の腕の中で最も長い触腕が1対でています。触腕の先端には，他の腕より大きな2本の鉤と多くの吸盤が並んで付いていて（写真17,18），獲物をしっかり捕らえることができます。

触腕の鉤の下には付着器という別の吸盤が付いています（写真17）。

「ホタルイカの素顔（奥谷, 2000）」のなかには，『触腕にある1列の2個の鉤は，他のホタルイカの仲間には見られない特徴である。』と書かれています。同じように見える腕もいろいろな働きをしていることが分かります。タコの仲間には鉤や歯はありません。イカの吸盤はタコのように腕に直接付いているのではなく，柄があってどの方向に逃れようとしても，捕えた獲物を逃さないように工夫された形になっています。オスの第4腕の右腕には，先端が2枚の小さなヒレのような形に変形しているところがあります。これはメスの背中に精きょう（精子の入った袋）を渡すために特別な形をしていて交接腕と呼ばれています（写真19）。

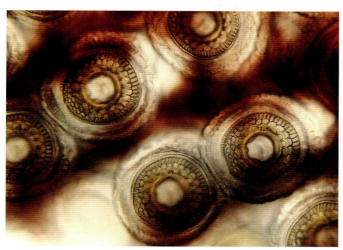
触腕にある吸盤　写真18

交接腕　写真19

各腕の鉤と吸盤の付きかた

	鉤	吸盤
第1腕	基部から2列に約10～12個	腕の先2列に約30個
第2腕	基部から2列に約10～14個	腕の先2列に約40個
第3腕	基部から2列に約11～14個	腕の先2列に約40個
第4腕	基部から2列に約10～12個	ない（先端には3個の腕発光器）
触　腕	大きなもの2個	腕の先4列に約80個 他に数個の付着器がある

眼（こう彩が虹色に見えます。レンズを覆う膜がありません）写真20

水晶体（遠くの景色が逆にうつる）写真21

水晶体（何層にも重なる構造）写真22

頭部の背面にある窓
（光を感じるところ）写真23

周口膜　写真24

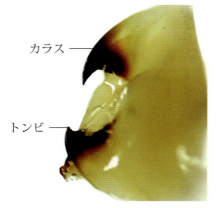
カラストンビ　写真25

　ホタルイカの口は腕に囲まれています。鉤や吸盤で捕えた餌は、腕の付け根にある口に運ばれます。口の周りには、周口膜という濃いオレンジ色の膜が付いています（写真24）。周口膜には、腕につながる筋肉の柱が8本あり膜を補強しています。口の中には、カラストンビとよばれる鋭いアゴ（上あごをカラス、下あごをトンビと呼んでいます）が上下に付いていて（写真25）、獲物をかみ砕き飲み込みます。タカやトンビのくちばしにそっくりの形をしています。カラストンビを包むように取り巻く筋肉は、よく発達していて強い力で食物をかみ砕きます。ホタルイカは体こそ小さいですが、手で捕まえると、かまれたり、引っかかれたり、吸いつかれたり、海水やスミをかけられたりして大変です。

（6）眼（超高感度の光センサー）　ホタルイカの眼球の大きさは、直径が約1cmもあります（写真20）。ホタルイカの体長を約10cmとして、約10分の1の大きさになります。ヒトがホタルイカと同じ比率の大きさの眼球をもつとしたら、身長160cmの人では約16cmとなり、顔から眼球がはみ出すくらいになってしまいます。なぜこのように大きな眼が必要なのでしょうか。メガネザルなどのように夜行性の動物の中には、大きな眼をもっているものがいます。大きな眼は光をたくさん集めて、暗い光でもよく見えるようにするためと考えられています。カメラも暗いところをフラッシュなしで撮影するには、口径の大きなレンズが必要です。ホタルイカは日中ほとんど真っ暗な深い海で生活しているので、暗いところで物を見るために、大きな眼で光を集めていると考えられます。

　ホタルイカの眼のレンズ（水晶体）は、透明なビー玉みたいな形をしています（写真21）。『ホタルイカのレンズ（写真22）は何層もの膜が積み重ねられていて、正確な形とにじみのない色の像を結ぶ完全なレンズである（奥谷，2000）。』と書かれています。動物の仲間でもイカの眼は、ホ乳類の眼とともに、最も進化した精巧なつくりになっています。遠近調節をするときは、レンズの位置を前方へ出したり（近くを見るとき）、引っ込めたり（遠くを見るとき）しています。カメラの仕組みとよく似ていますね。

ちょっと一息　　「眼の進化」　眼には、明暗だけ分かるもの（ミミズ）、光の方向が分かるもの（プラナリア）、像が分かるもの（ヒト・マグロ・イカ・トンボ）などがあります。さらに立体視や色覚も発達してきました。ヒトとイカがたどった進化の道は、約5億年以上前に二つに分かれまし

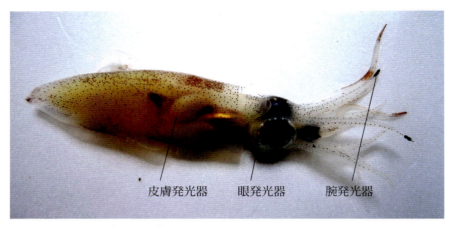

ホタルイカの発光器　写真26
ホタルイカの発光器３種（いずれも腹側に付いています。）
腕発光器（腕の先端）
皮膚発光器（外套膜・頭部・ロート・第３腕・第４腕）
眼発光器（眼のまわり）

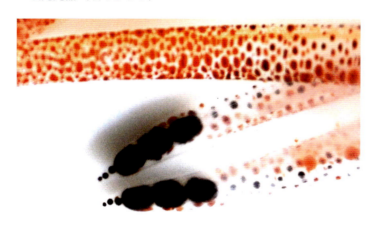

腕発光器（大きい黒い３個の粒）写真27

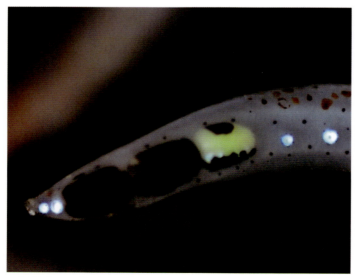

腕発光器（右端のものは発光体が見えます）写真28

たが，眼の構造は驚くほど似ています。「見る」という目的のために，長い進化の道のりで同じような形になったと考えられています。地球外の惑星にもしも生物がいるとしたら，同じような形の眼をしている生物がいても不思議はないですね。

　ホタルイカとヒトの眼を比較してみましょう。

ホタルイカとヒトの眼

	ホタルイカ	ヒト
構造	レンズと暗箱をもつカメラ型の眼で像を映す	ホタルイカと同じ
視物質 （光を受け取る物質）	ロドプシン（視紅）＊ ３種類あり，青から緑の波長が識別できる	ロドプシン ３種類あり，青，緑，赤の波長が識別できる
遠近調節	レンズの位置を変える	レンズの厚さを変える
盲点	ない（視細胞の後ろから神経が出るため）	ある（視細胞の前から神経が出るため）
色覚	ある	ある
レンズを覆う膜	ない（直接海水に触れる）	ある（角膜）

＊オプシンというタンパク質とレチナール（ビタミン A）から作られる色素たんぱく質

　ホタルイカやヒトの視覚は網膜にある感光性の細胞で光エネルギーを電気エネルギーに変えて神経を興奮させ，脳に伝えて生じるといわれています。カメラでは網膜のあるところに，感光性のフィルム（フィルムカメラの場合）や撮像素子（デジタルカメラの場合）があって，光で化学変化させたり光を電気信号に変えたりして像を捉えているので，デジタルカメラに似ているといえます。

　ホタルイカは普通の眼以外にも，光を捉えるところがあることが分かっています。この部分については『ホタルイカの背中の頭部に色素胞が少なくなっている黄色い部分（窓と呼ばれています）が左右二か所あり（写真23），内部に受光機能がある特殊な組織をもっていて，上からの太陽の光を感じているといわれている（山本, 1973）。』と書かれています。なぜ背中にも眼の働きをする器官が必要なのでしょうか。皆さん考えてみてください。

（7）発光器　ホタルイカには３種類の発光器があります（写真26）。生物の発光についてあまり知られていない時代は，多くの発光生物は発光細菌の共生によるものと考えられてきました。しかし研究が進むにつれて，発光器という発光するための特別な器官があることが分かってきました。

①**腕発光器** 第4腕の先端に左右それぞれ3個ずつあります。ホタルイカを観察してみると，腕発光器がゴマ粒のような黒い点になって見えます（写真27,28）。大きさは真ん中のものが少し大きく，長径が約1mmで，短径が約0.8mmあります。ホタルイカの腕発光器は，まだ生きているときやごく新鮮なときは黄色く見えます（写真29）。ときには発光器の表面にある色素胞で覆われて黒く見えることもあります。

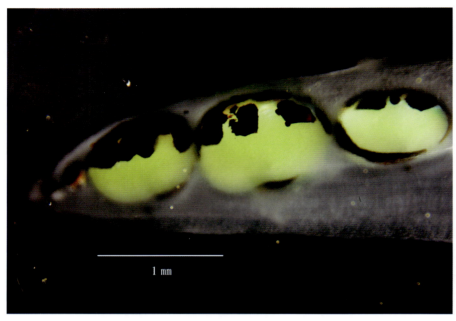

腕発光器（黒い部分は色素胞，黄色い部分は発光体です）写真29

ホタルの発光器も明るいところで見るとうすい黄色をしていますが，ホタルイカのように発光器が何かに覆われているようなことはありません。そのためホタルイカを調べた外国の研究者は長い間，黒く見える部分が発光器であると気づかなかったといわれています。

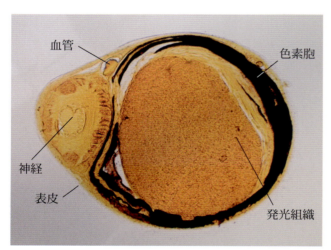

腕発光器の光学顕微鏡像　写真30
（藤川浩氏提供）

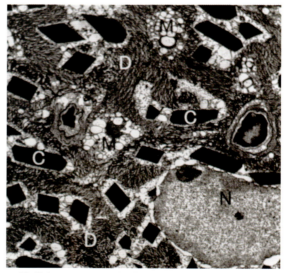

腕発光器の電子顕微鏡像　写真31
（山科正平博士提供）
C：発光たんぱく質の結晶
N：発光細胞の核
D：細胞膜どうしのからみあう部分

　光学顕微鏡像（藤川浩氏提供）を見ると，中央部に大きな発光組織があり，そのまわりが色素胞に覆われています（写真30）。電子顕微鏡像（山科正平博士提供）では発光たんぱく質の結晶がはっ

きり観察されます（写真31）。

②**皮膚発光器**　皮膚発光器は外套膜の腹側，ロート，頭部，第3腕，第4腕に合計約1,000個点在しています。ホタルイカの皮膚発光器については，魚津水族館館長の稲村修博士他の研究（稲村・近藤・大森, 1990）があります。

皮膚発光器の数（メス9個体，オス6個体の平均）

	外套膜	ロート	頭部	第3腕	第4腕	合計
メス	674	67	189	12	118	1,060
オス	581	60	180	12	111	944

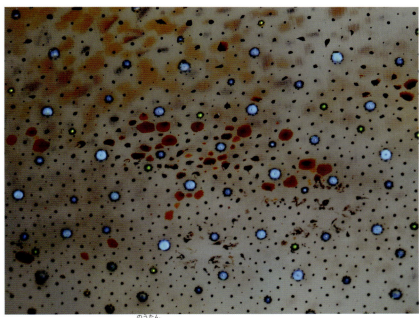

皮膚発光器の色（青の濃淡と緑の3種類）写真32

『・大きさは，大型，中型，小型の3グループがあり，直径はそれぞれ0.23mm, 0.18mm, 0.15mm。
・色は，青色のものが多く，緑色のものは皮膚発光器全体の14.8％（平均）で緑色のものは最も小さい発光器のグループにしか見られない（写真32, 33）。
・分布は，外套膜では腹面が密で，側面にいくに従ってまばらになり背面（正中線の左右3～5mm）まで分布していた（写真34）。』

皮膚発光器はルーペ（虫めがね）で観察すると灰色がかった丸い点で，褐色の色素胞と見分けることができます。皮膚発光器の並び方は，外套膜では腹面の中央部分には線状に分布していないところがありますが，とくに規則性はありません。第3腕では1列に，第4腕では異なる長さで3列に並んでいます。第4腕の腕発光器の先にも3個の

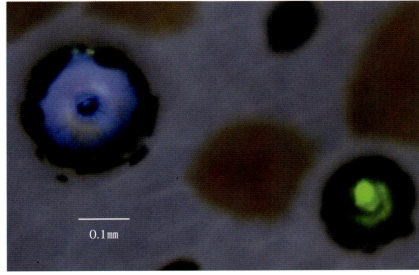

皮膚発光器を拡大したもの　写真33

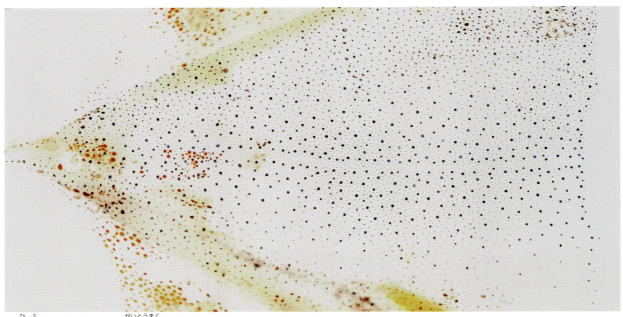

皮膚発光器の分布（外套膜に点在する皮膚発光器）写真34

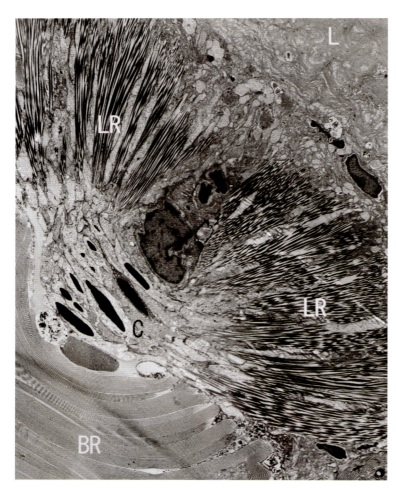

皮膚発光器の電子顕微鏡像
写真35
L：レンズ組織
LR：側方反射板
C：発光細胞内の結晶構造
BR：底部反射板
（山科正平博士提供）

皮膚発光器が付いています。電子顕微鏡像（山科正平博士提供）を見ると底部や側方の反射板，発光物質の結晶，レンズなどがあり，まるで精巧な機械のようです（写真35）。側方反射板は細い管状構造をしていて，光を導く働きをしていると考えられています。

③**眼発光器**　眼発光器は，左右の眼球の周囲にそれぞれ5個あります（写真36）。すべて腹側に付いていて，両端の2個が大きく中央の3個は少し小さくなっています（写真37）。大きい方は直径が約0.65mmで，小さい方は約0.5mmです。5個とも真珠のような光沢をもち，中央部に少し盛り上がった部分が見えます。他の発光器とちがって，表面に色素胞がないので，皮膚を通して白く見えます。

眼発光器（眼のまわりの5個の白い粒）写真36

眼発光器は皮膚で覆われているので，皮膚を取り除かないとはっきり観察できません。眼発光器のすぐ上の皮膚には色素胞や皮膚発光器が少なく，ホタルイカの発光を写真に撮ると眼発光器のある部分だけが黒く何も写っていません。

眼発光器（外側の2個が大きい）写真37

次に，ホタルイカの内臓を見てみましょう。ここではホタルイカのメスを中心に見ていきます。

（8）卵巣（腹の中は卵でいっぱい）　まず目につくのは，卵のいっぱいつまった卵巣で，内臓の約半分を占めています。滑川高校生物部のデータでは，『卵巣の重さは，3月中旬で体重の約13％ですが，4月中旬になると約20％に達します（住吉他，1995）。』とあります。また富山県水産試験場の報告では，『卵巣には約2万個の卵がつまっている（林，1995）。』とされています。卵巣内の卵の中で，周囲にある卵は小さく未熟で表面に血管が走っています。成熟した卵は，透明な楕円体で，

ホタルイカの体（内臓）

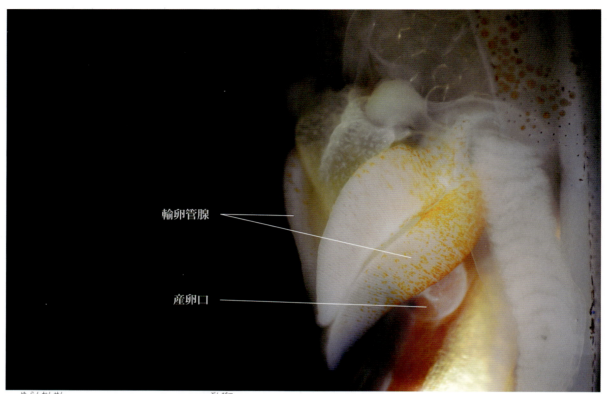

輸卵管腺（卵を保護するゼリー層を分泌する　輸卵管腺の下に産卵口が見えます）写真38

精きょうの位置（オスがメスの背中に入れた精子の袋の束です）写真39

長径が約1.5mm，短径が約1.1mmあります。発生に必要な栄養は卵黄です。卵の容積が小さいので，ほとんど透明に見えます。輸卵管は細くて透明なので見分けるのが困難です。卵が生み出される産卵口は，輸卵管腺の下に隠れて2個あります（写真38）。

（9）輸卵管腺（ハート型の器官は卵を守る）　体の中央には長さ約1.2cmのハート形の輸卵管腺があります（写真38）。これは産卵のとき卵を保護するための透明なゼリー状の物質を分泌する器官です。成熟した卵が輸卵管の中に入って生み出されるとき，外側がゼリー状の物質で包まれます。ゼリー状の物質は伸びて切れやすく，時間がたつと，ところどころで切れたりバラバラになったりします。

（10）精きょう（背中に父親の設計図）　ホタルイカのメスの背中の付け根附近に，長さが約2.5mmの手のひらを広げたような白い器官が左右に付いています。下が膨らんでいて，よく見るとボーリングのピンを並べたような形をしています（写真39）。若いメスには付いていないものもいます。これはメスがオスからもらった精子の袋で，精きょう（精包）と呼ばれています。2月ころにはあまり見られなかったものが，3月に入るとほとんどのメスが精きょうをもっています。月別のオスの個体数を調べた水産試験場の報告では，『新湊沖のイワシ定置網で捕れたものでは，1月下旬オス／メス＝3/4（75％），2月上旬43/50（86％），2月中旬では100個体中67%がオスで，2月20日には50個体中オスが33%と急減し，2月27日には50個体中オスが18%となり，3月上旬では完全にメスだけとなる（湯口，1979）。』と書かれています。このことから，2月まではオスも元気に海面まで来ていますが，3月に入るとめったにオスが見られなくなります。ホタルイカのオスが海面まで来るのは，単なる餌を求めての日周行動なのか，メスに精きょうを渡すための行動なのか分りません。しかし3月になるとオスが捕れなくなり，ほとんどのメスが精きょうを体内にもっていることからホタルイカのオスは，寿命が尽きているのではないかと考えられています。私が2012年にメスの背中の精きょうの数を調べてみたところ下に示す表のようになりました。

調査月日	精きょうの数（平均）		片方での個数の幅	調査個体数
	左	右		
3.2	4.9	3.5	0〜8	13
3.12	5.9	5.5	3〜8	15
3.26	6.3	4.8	3〜8	4
4.11	5.8	6.3	4〜8	4
4.24	6.8	5.8	5〜8	5
5.7	7.3	6.8	6〜9	6

　上の表から，精きょうの数が日を追うごとに増えてくることが分かります。3月は左の方が少し多いのですが，成熟期になると左右ほぼ同数の平均約7個になります。ホタルイカのオスがどのよ

精巣（若いオス）写真40

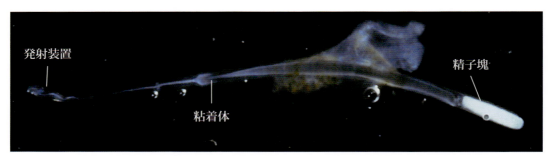

精きょう（オスの体内にあるときの1個を拡大したものです）写真41

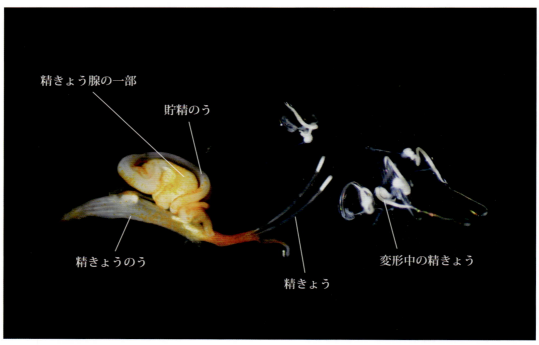

オスの生殖器官
（精きょうはオスからメスに渡されるときに変形します）写真42

うな姿勢でメスに精きょうを渡しているのか分かっていません。また，メスが産卵するとき，卵に向かってどのように精子を放出させるのかも分かっていません。オスを調べたいときは，2月の初めころがいいのですが，この時期はホタルイカの禁漁期でオスの入手は困難です。ホタルイカの研究で有名な石川千代松博士は，深海にすむ魚の胃の中からホタルイカのオスを見つけて調べたと記録されています。

（11）オスの生殖器官　オスには卵巣や輸卵管腺がないため，生殖器官や心臓などが観察しやすくなります。ごくまれですが，10, 11月頃に捕れたホタルイカのオスでは，精巣を見ることができます（写真40）。ホタルイカのオスの生殖器官については，詳しいことが分からないので，東京海洋大学の土屋光太郎博士の指導をいただいたり，スルメイカについて書かれた「烏賊解剖学のススメ（窪寺, 2007）」の中の生殖器官についての項目を参考にしました。その中には『精巣で作られた精子は，ラセンの形をした貯精のうに送られる。その後精子は精きょう（精子のカプセル）（写真41）に詰め込まれる。でき上がった精きょうは，精きょうのうに送られ蓄積される（写真42）。』と書かれています。成熟したオスでは，エラの横に精きょうが並んでいるのが見えます。精きょうの発射装置が働いて，変形してボーリングのピンのような形になり，メスの背中に接着します。このときオスは，右側第4腕の交接腕にある特別に変形した半円形の2枚のヒレ状の膜を使ってこの作業をしていると考えられています。実際にホタルイカのオスを解剖すると，精きょうはちょっと触っただけですぐに変形するようすが観察されます。

（12）エラ（少ない酸素を効率よく体内へ）　エラは卵巣と輸卵管腺の間あたりから，左右に一対出ています。白くて半透明な鳥の羽のような形をして，外套膜内の空所に浮かんでいます（写真43）。イカは海水を外套膜のすき間から吸い込み，ロートから吐き出しています。このときエラから酸素が取り込まれ二酸化炭素が出

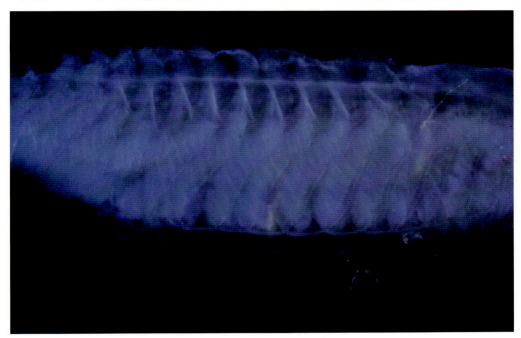

エラ（血管が細かく枝分かれしています）写真43

されます。これがイカの呼吸です。魚類では口から海水や淡水を飲み込み，エラアナから出してい

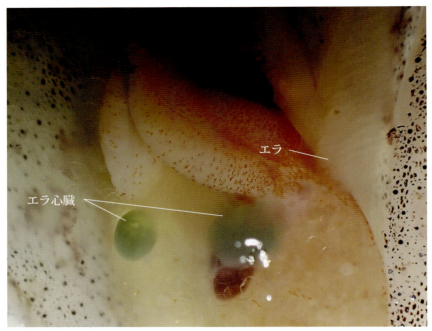
エラ心臓（エラに血液を送ります）写真44

血管　写真45

スルメイカの血管（出鰓静脈が青く見えます）写真46

ます。そのときエラで酸素が取り込まれます。出入り口が違うだけでよく似た仕組みになっています。エラには細かい管がいっぱいあって，ガス交換の表面積を広げ，酸素を吸収する効率を高めています。水槽内のホタルイカを観察すると，おなかが規則正しくふくらんだり縮んだりしてホタルイカの体が上下に小さく動いており，呼吸している様子が分かります。海水が内臓に自由に入ると，汚れて危険に思われますが，実際にはエラと肛門部分と産卵口以外は薄い膜に覆われ保護されています。

（13）心臓（三つのエンジンがフル運転）　ホタルイカには三つの心臓があります。本来の心臓のほかに，左右のエラの付け根にエラ心臓が一つずつ付いています。新鮮なホタルイカのエラ心臓は，薄緑色をしています（写真44）。本来の心臓は，全身に血液を送っているほぼ透明な器官です。ヒトの心臓では部屋が四つに分かれていて，ガス交換をする肺循環と全身に血液を循環させる大循環を行っています。ヒトの心臓は一つにまとまっていますが，ホタルイカではばらばらに離れているわけです。

（14）血管（体中にはりめぐらされた輸送路）　ホタルイカの内臓には血管が網目のように張り巡らされています（写真45）。血管はほとんど透明なので見分けにくいのですが，新鮮なホタルイカでは心臓とともに脈打っているようすが観察されます。イカの血管は閉鎖血管系で，心臓から送られた血液は細かく枝分かれして毛細血管になり，再び静脈から心臓に戻ってきます。多くの軟体動物は，枝分かれした血管が組織や器官に開いていて，そのまま内臓を血液で浸し，再び元に戻る開放血管系となっています。閉鎖血管系の方が心臓から血液を押し出す力がそのまま全身に伝わり，効率よく血液循環ができます。ヒトの循環系も閉鎖血管系です。心臓から動脈血として全身に送られた血液は酸素や栄養素などを各組織に与え，二酸化炭素や排出物を受け取って静脈血となります。静脈血はやがてエラ心臓によってエラにある入鰓動脈に送り込まれ，二つのエラで酸素と二酸化炭素が入れ替わります。酸素をもらった血液は出鰓静脈から心臓に戻り，再び全身へと運ばれていきます。イカの血液の色素はヘモシアニンといって銅を含んでいますが，ヒトの血液の色素はヘモグロビンで鉄を含んでいます。そのため血液の色はヒトでは赤いのですがイカではうすい青色（酸素と結合しているとき），または無色（酸素が離れたとき）となっています。新鮮なホタルイカであれば，青い色をした血液が半透明の血管を通して見えることがあります。スルメイカの例を見て下さい（写真46）。

（15）消化管（食べ物は頭の中を通る）　ホタルイカの消化管は短く，肝臓の上（背中側）を通り，そのまままっすぐ進むと出口がないので，胃でUターンをして肝臓の下（腹側）に沿って前方に伸び，直腸から肛門へと続いています（図3）。ホタルイカの消化管は，伸ばしても外套膜の長さほどしかありません。一般的に，食べたものが消化されやすいかどうかで消化管の長さが決まります。体の長さに対して消化管の長さが何倍あるかをみると，カエルやイモリのような肉食動物では約2倍，ウシのような消化の悪い草を食べている草食動物では約20倍と長くなっています。雑食

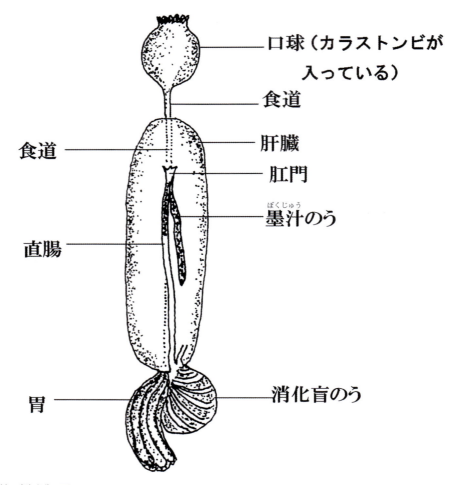

ホタルイカの消化管（腹側）図3

歯舌（7列あります）写真47　　カタツムリのハミ後
（木の表面の餌を歯舌ではぎとります）写真48

性である私たち人間は，約5倍です。ホタルイカでは約5cmで1倍にもなりません。ホタルイカは肉食性なので，消化管が短いのです。イカが捕らえた食物は，まずするどい歯の役割をするアゴ（カラストンビ）でかみ砕かれます。口の中には，歯舌と呼ばれるおろし金のようなとげが7列に並んだ舌があって（写真47），食べ物が細かくすりつぶされます。さらにこの付近には唾液腺があり，食物は消化されドロドロになって，頭の中を通過している細い食道を通り，胃にたどりつきます。そのあと，消化盲のうで消化液が分泌され，栄養素が消化吸収され肝臓に送られます。消化盲のうは，ヒトでは小腸に当たるところです。消化されなかった食物は，直腸を通って肛門から排出されます。

（16）肝臓（エネルギーの倉庫は満タン）　輸卵管腺の下には，光沢のある赤褐色の肝臓があります。肝臓は栄養の貯蔵，解毒作用，発光物質の生成やリサイクルなど，生命を維持するための体の化学工場となっています。ホタルイカのエネルギー源は，餌や肝臓にたくわえられた栄養です。「富山県水産試験場」の報告によると，『ホタルイカの体重は，3月に急増して4月にかけて少しずつ増加しピークを迎える（湯口, 1979）。』とされています。このことからホタルイカは，何らかの栄養補給をしているものと考えられます。ホタルイカは，捕食や産卵のために数百mの深さを日々移動していますが，この期間，ホタルイカはどのように命をつないでいるのでしょうか。魚津水族館館長の稲村修博士は，『ホタルイカの体重の変化は，単に成長だけではなく，いろいろな時期に産卵された大きさの異なる群れが来遊している可能性もある。』と話しておられました。

ちょっと一息　　「歯舌の働き」　歯舌は軟体動物の口にあるヤスリのような部分で，陸上の軟体動物であるカタツムリ（マイマイ）にも見られます。カタツムリのはったあとを見ると，葉や幹の表面が歯舌でギザギザにはぎとられているのが分ります（写真48）。

（17）神経（運動神経バツグン）　イカの仲間は，体に比べて非常に太い神経をもっています。神経の中を興奮が伝わる速度が，同じ軟体動物のカタツムリなどと比べて速く，セキツイ動物にも匹敵するくらいで，運動のスピードがずば抜けています。たとえば興奮が伝わる速度は，ヤリイカでは水温23℃で秒速20m，カエルは水温22℃で秒速30mといわれています。また，頭の中には大きな脳神経節がつまっています。眼球のすぐそばにある視葉と呼ばれる神経節はとくに目立ちます。写真は外套膜にある星状神経節です（写真49）。イカの神経節には，その他に足神経節や内臓神経節などがあります。神経節とは，神経細胞や神経繊維がたくさん集まっているところでこぶのようになっています。ヒトでは脳や脊髄にあたるところです。イカの神経は太くて発達しているので，医学や工学の分野でよく研究されています。

（18）その他の器官
①外套軟骨とロート軟骨（外套膜をとめるボタンとボタン穴）　ロートの左右にある硬いところをロート軟骨といいます（写真50）。また外套膜の内側の縁にもまわりより硬くて飛び出たところがあって，外套軟骨と呼ばれています（写真51）。洋服にボタンとボタン穴があるように，イカもロート軟骨のボタン穴と外套軟骨のボタンが組合わさって，内臓をしっかり包みこんでいます。外套膜

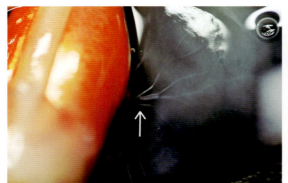

星状神経節（肝臓の近くの外套膜にあります。）
写真49

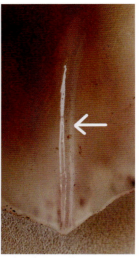

左：ボタン穴（ロート軟骨）写真50
右：ボタン（外套軟骨）写真51

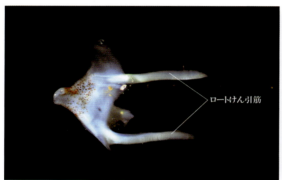

ロートとロートけん引筋　写真52

スミ（粘液が含まれていて広がりません）
写真53

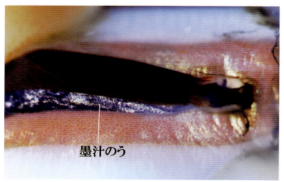

墨汁のう（下の青い管です。上が直腸です）
写真54

ホタルイカの軟甲（貝殻の名残といわれています）写真55

と頭部を止めているところは背中の中央部にもあって，3か所で固定されているので強風にあおられたカサのようにはなりません。

②ロートけん引筋（ハンドルの役目）　肝臓の両側に沿うようにして白い丈夫な筋肉があり，これをロートけん引筋といいます。これはロートに付いていて，ロートから吐き出される海水の方向を自由に変えることができます（写真52）。いつものロートは腕の方向（前）に向かって開いているので，海水を吐き出す反動で後退します。呼吸しているときはロートの真下へ，前進するときには180°反対側に曲げます。イカは外套膜への海水の出し入れで運動しているので，それがそのまま呼吸していることにもなるわけです。ヒトの場合，呼吸は肺で運動は手足でと分業していますから，イカのように鼻息だけで動くことはできません。

③墨汁のう（スミ袋はかえ玉の術）　イカの消化管の末端近くに虹色に輝く袋があり直腸に開いています。これが墨汁のうです（写真54）。ここから濃いセピア色のスミが吐き出されます。ホタルイカのスミは粘液が含まれていて，海中に吐き出されても煙のように広がらず，黒いかたまりとなっています（写真53）。このことからホタルイカは，タコのようにスミで姿を隠すというより，スミを自分の姿の替え玉にして，外敵がスミに気を取られているうちに逃れると考えられています。暗く深い海でもスミをはいているのでしょうか。発光生物の仲間にはスミの代わりに発光液を出すものがいて，スミと同じ働きをしていると考えられています。また，イカのスミには防腐効果や抗ガン作用があることが研究されています。そのため最近ではイカスミを使った食品やお菓子がいろいろあって人気を集めています。

④軟甲（貝殻が変化したもの）　イカの祖先であるオウムガイやアンモナイトは，体の外側に貝殻をもっていますが，イカの仲間は体の内部に甲や軟甲をもっていて，体の形を保っています。コウイカの甲は，ウキ袋の役割もあるいわれています。スルメイカやホタルイカには，薄くて細長いプラスチックのような軟甲があります（写真55）。甲や軟甲は遠い昔の貝殻の名残だと考えられています。まとめとしてホタルイカのメスとオスの内臓を示します（写真56,57）。

3　ホタルイカの発光

　ホタルイカの発光は，その光の強さといい，色の美しさといい，初めて見たときの感動は言葉にできないほどです（写真58）。ホタルイカの研究のため1905（明治38年）に初めて滑川を訪れた渡瀬庄三郎博士は，ホタルイカと蜃気楼を紹介した観光小冊子「越中滑川浦二大奇観（滑川町役場，1923）」への寄稿文の中で，ホタルイカの発光について『昼間これを検すれば，小さき黒点として見ゆれ共，夜間これを望めば点々皆輝きて，あたかも晴夜に空の星を見るがごとく，その幾百なるを知らず』と書いておられます。渡瀬博士の感動が伝わってきます。

　ホタルイカの発光について私の観察メモを書いてみます。

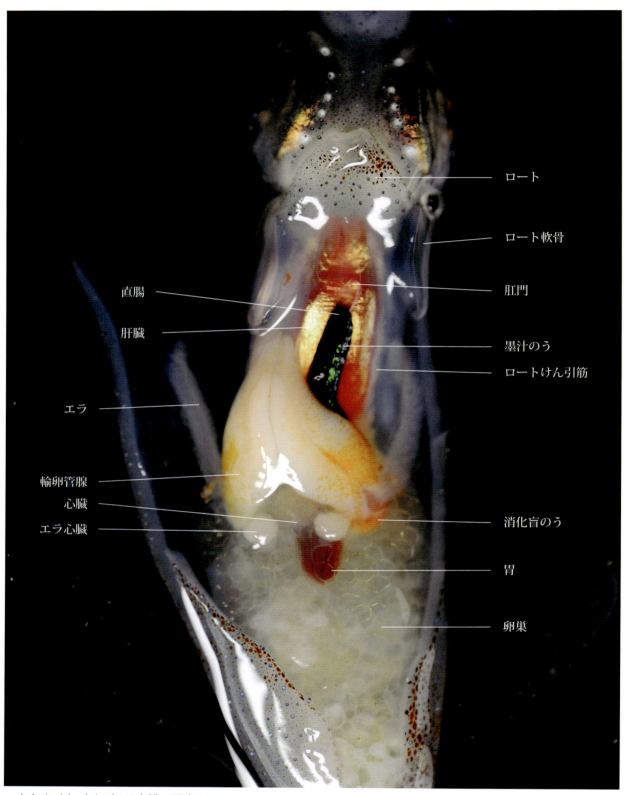

ホタルイカ(メス)の内臓　写真56

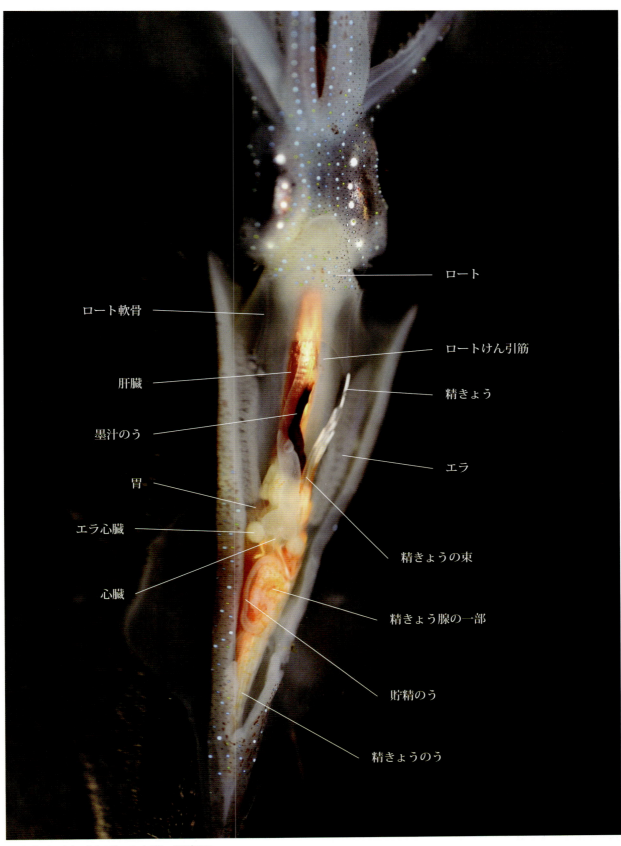

ホタルイカ（オス）の内臓　写真57

ホタルイカの発光

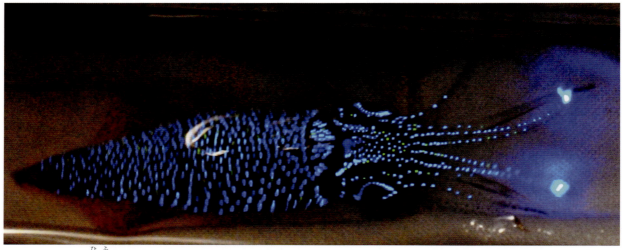

ホタルイカの皮膚発光器と腕発光器の発光（腹側）写真58

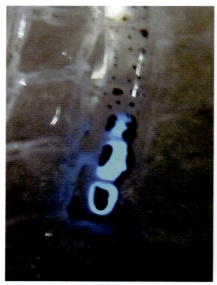  

腕発光器の発光のパターン　写真59　　　　　　　　　　　　　写真60　　　　　　　　　写真61
（左：発光中，中：消光中，右：消光）
（発光中は青，消光すると黄色く見えます）

（1）**腕発光器の発光（最強の光）**　ホタルイカをタモですくうと，第4腕の先端が激しくまぶしいくらいに光ります。ホタルの発光が少し黄色っぽく見えるのに対して，ホタルイカはコバルトブルーの美しい青色です。ホタルイカ観光船で見る発光がこの腕発光器の発光です。水槽で飼育しているときは，自発的な発光はほとんどありませんが，ホタルイカ同士がぶつかったときに激しく光ります。また，水槽内で突然激しく移動するときにも発光することがあります。発光していないときの発光体は黄色ですが（写真61），発光すると青い光を放ちます（写真59）。発光体を覆う褐色の色素胞は，発光の有無を問わず開いたり閉じたりしています。そのほか，発光体自身の発光の強さも変化しているときがあります（写真60）。最も強く光っているとき，色素胞はほとんど点のように小さくなって発光器から出る光りを遮らないようにしています。腕発光器の発光は，タモなどで刺激したときによく光りますが，同じホタルイカを2分おきに続けてガラス棒で刺激すると，最初は2〜10秒ぐらい光ります。2分後になると長くて数秒になり，4分から10分後では光っても1秒以内しか光らなくなります。12分後には全く光らなくなってしまいます。再び発光するには時間が必要のようです。腕発光器の発光は，網の上や砂浜に打ち上げられたホタルイカでは，腕の先端部分を曲げて激しくふるえるように光ります。滑川高校生物部の研究では，『1〜10秒発光するものが多く，弱ってくると30秒以上弱い光で持続的に光るものもいる（住吉他,1995）。』とまとめています。

（2）**皮膚発光器の発光（満天の星空のよう）**　腹側にある約1,000個近くの皮膚発光器の発光です。明るさは，腕発光器の発光にくらべて弱いので，目が暗闇に慣れないと気付きません。発光は腹側だけで，水槽の横から見ると下の方がボーッと明るく見えます。目を近づけると満天の星のように見え，腕発光器の発光とは違う妖しい美しさに心が奪われます（写真58）。ホタルイカの発光のほんとうの美しさは，この皮膚発光だろうと思います。皮膚発光器の光は，ヒトの眼には青く見えますが，写真に撮ると青色や緑色に写っていることが分かります（写真62）。発光していないときの皮膚発光器の色には青と緑がありますが，発光色にも青と緑があって，1匹のホタルイカで比較してみると，青は青に緑は緑に対応していて，発光器の色と発光色は一致していることが分かります。皮膚発光器の発光も，一瞬に暗くなることがありますが，腕発光器の発光と同じように，発光器のまわりを覆っている色素胞を神経により瞬間的に開いてコントロールしていると考えられます。皮膚発光器の発光は，水槽内では真っ暗な状態でも少し明るい状態でも光りますが，自然の海ではどのように光っているのか分かっていません。水槽内で光るときは，写真に撮ってみると，青が多いとき，青と緑の両方が光るとき，緑が多いときなどいろいろな発光パターンが見られます（写真63,64）。

（3）**眼発光器の発光（謎の光）**　眼の周囲にある眼発光器は青白く光りますが，水槽で飼育している状態で光っている記録はありません。「ほたるいかのはなし（稲村,1994）」には，眼発光器の発光は，『表面を覆っている皮膚を切り開いて眼発光器を露出させたり，眼球ごと取り出したりすると，弱く光っているのを見ることができる。』と書かれています。

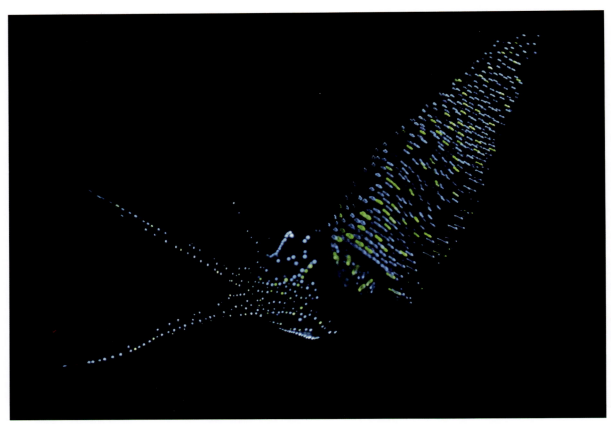

皮膚発光器の発光
（写真に撮ると青や緑が写ります）写真62

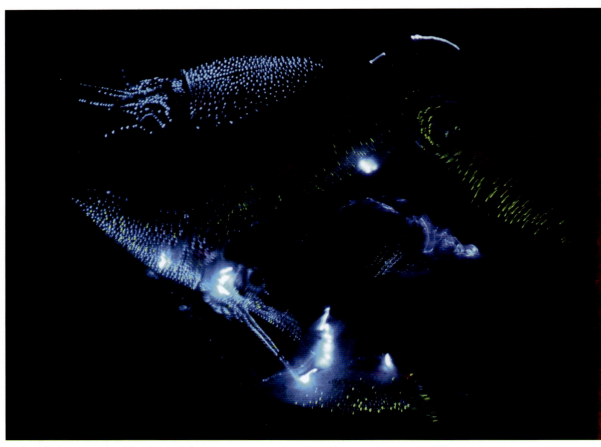

皮膚発光器の発光（青や緑に発光しているホタルイカ）写真63

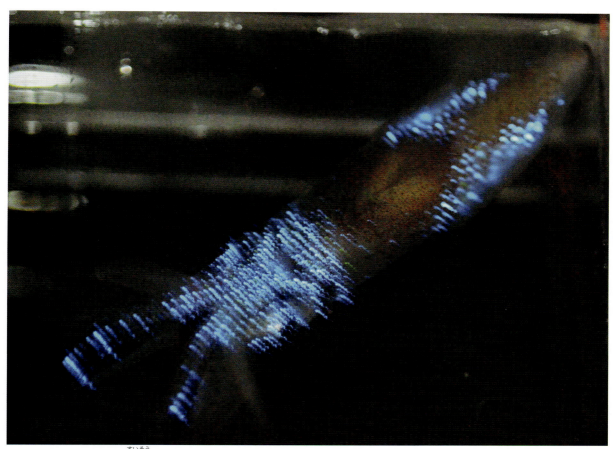

皮膚発光器の発光（水槽の下から撮影したものです）写真64

眼発光器の発光
（左眼を覆う皮膚を取り除いて撮影したものです）写真65

そこで皮膚を取り除いたときの発光を撮影してみました。位置が分かるように，明るいところで撮ったものと重ねてみました。眼発光器は前の２種類の発光器とは違って，肉眼の観察では，青白く持続的に光っていました（写真65）。

ちょっと一息　　「体験談」　ホタルイカについては，生物クラブの指導や授業などでかかわってきましたが，発光生物に興味をもったのは，立山山麓でキャンプをしていたときのことです。テントの外で夕食をとっているうちにヘッドランプの明かりが消え真っ暗になり，目がだんだん暗闇に慣れてくると，地面が青白く光り始め，足元の食器やなべがシルエットとなって浮かび上がったのです。幻想的な美しさに感動したのを覚えています。翌朝見てみると，食事をしたところには朽木があって，まわりに崩れて散らばっていました。たぶん発光細菌か発光キノコの菌糸が繁殖していたのだと思われます。その後，ホタルや発光バクテリア，ウミホタルなどの発光生物に興味をもつようになりました。

4　進むホタルイカの研究

　ホタルイカは，約100年前から国の内外の研究者によって多くの研究成果が報告されています。ホタルイカには研究者をひきつけてやまない魅力があります。ここではその一部を紹介してみましょう。

（１）ホタルイカの色覚　　研究者　鬼頭勇次・清道正嗣・成田欣也・道之前允直

　色覚とは波長の異なる光を識別する感覚で，霊長類，鳥類，魚類，昆虫類，甲殻類，頭足類などに色覚があることが知られています。ホタルイカの色覚については，鬼頭勇次博士らの研究報告があります。要約しますと

　『ホタルイカの眼には，ビタミンA_1，A_2，A_4をもつ３種類の視物質がある。これらの視物質は，青から緑にかけての光を最もよく吸収する。また，ホタルイカは青や緑や黄色い光を出している。ホタルイカは水温６℃以下（深いところ）では青（470nm），水温10℃前後では青と黄緑，水温15℃（浅いところ）では黄緑（535nm）の光を発していた。これらのことから，ホタルイカは水温に応じて発光する色を変えていることが分かる（鬼頭他，1992）。』

　このように３種類の視物質をもつイカやタコの例は，他にはありません。ホタルイカは青から黄緑にかけて３種類の色で発光し，色のセンサーである網膜にある視細胞内の視物質で識別し感じていると予想されます。ホタルイカの皮膚発光の色と同じ色を感じる視物質の存在が発見されたのです。ヒトにも「光の３原色」を識別する視物質があり，自然界の様々な色を感じることができます。私たち人間が見る青や緑を，ホタルイカがどのように感じているかは，ホタルイカでなければ分かりませんが，ホタルイカどうしの光の言葉があるのかもしれません。

（２）ホタルイカの発光の目的　研究者　稲村修

生物が発光する目的はいろいろ考えられていますが，ホタルイカの発光の目的については，魚津水族館館長の稲村修博士の研究があります。要約してみると

『・①**腕発光の目的「光を使ったオトリ」**　暗室内の水槽（100ℓ，11.9℃）にホタルイカを入れて4分後，腕発光器の発光体が白く露出した状態のときに棒で体に触れると発光し，すぐに光を消しながら移動したときには，腕発光器は黒くなったことから，外敵に強い光を見せてから光を消して逃げる「光を使ったオトリ」が主目的と考えられる。

・②**皮膚発光の目的「光を使った保護色」**　ホタルイカの近縁種を使ったヤング（1976）の実験があり，上から弱い光を照らすことと，真っ暗にすることを10分おきに繰り返すと，弱い光のときに皮膚発光器が光り，真っ暗になると光を消したことから皮膚発光器は体の下方にできる影を消すために発光すると結論付け，カウンターシェーディングと呼んでいる（図4，5）。ホタルイカの皮膚発光器の分布（下面中央部が密で側面から背面近くで疎になっている）や，発光器の向き（背面近くでは側方を向いている）を調べ，皮膚発光器の発光は，背景の光からの溶け込みであると推測した（参照：ホタルイカの色覚の項）。

カウンターシェーディング
（ホタルイカが光らないと
影ができて魚に見つかります）図4

（ホタルイカの腹側が光ると影が消えて
魚には見えにくくなります）図5

・③**眼発光の目的「いまだ不明」**　自然状態の生きたホタルイカの観察はないが，眼球を取り出すと発光することが確認されている。発育途中の稚イカのとき（まだ，眼球付近の皮膚発光器の発達が悪いとき）の，眼球の影を消すのに役立っている可能性が考えられる（稲村，2008）。』となっています。

眼発光器をもつホタルイカの仲間は多く知られていますが，まだ発光の目的はよく分かっていません。

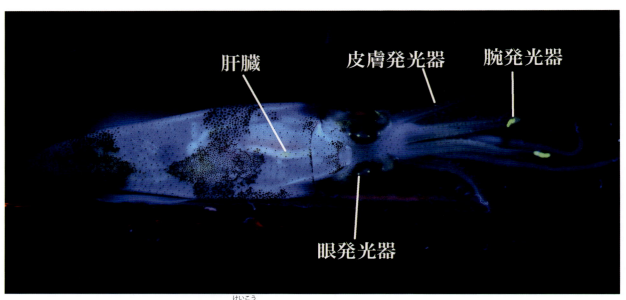

紫外線を照射したときの発光器や肝臓の蛍光
(発光物質のあるところが黄色の蛍光を出して光ります) 写真66

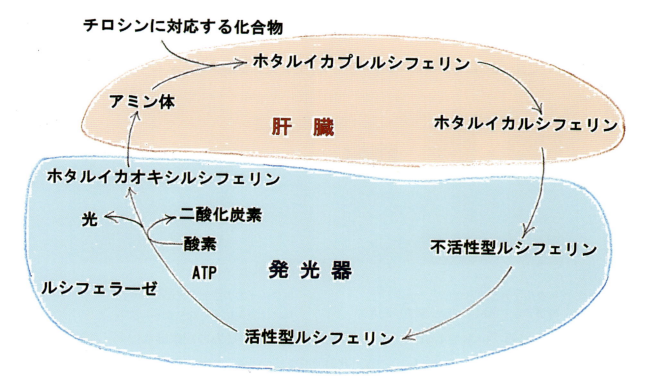

ホタルイカの発光のリサイクル仮説(圍, 1984) 図6

（3）**発光のしくみ　研究者　圃久江**　生物の発光は，発光物質であるルシフェリンと発光酵素であるルシフェラーゼが，酸素，水，ＡＴＰ（生物共通のエネルギー物質）があるところで反応して発光する現象で，「ルシフェリン―ルシフェラーゼ反応（L-L反応）」と呼ばれています。ルシフェリンは，L-L反応で発光した後に酸化ルシフェリン（オキシルシフェリン）となり，発光しなくなります。L-L反応は，ホタルやウミホタルやホタルイカなど多くの発光生物にみられる共通した現象です。それぞれの生物によって発光物質と発光酵素の構造が少しずつ違うので，光の色（波長）がいろいろ変化すると考えられています。また，光の波長の変化は，発光組織にある蛍光物質の存在も影響しているといわれています。ホタルイカの発光物質の化学構造は，名城大学薬学部の井上昭二博士によって明らかにされ化学的に人工合成されました。また発光の化学的な仕組みについては，同大学で圃久江博士によって明らかにされました。その内容をごく簡単まとめてみます。

『・ホタルイカとよく似た発光物質をもつウミホタルの発光物質であるウミホタルルシフェリンにDMSO（ジメチルスルホキシド：発光物質にこの物質を加えると，発光酵素の代わりをして発光する）を加えると青く発光した。

・生物発光と化学発光は同じしくみで進む。

・ウミホタルは体外に発光物質を放出するが，ホタルイカの発光物質は体内にとどまっていると考えた。

・発光物質は発光後も体のどこかにあるはずと考えて，ホタルイカを各器官に分けて発光物質のある場所を調べた。

・発光物質の多くは，蛍光（光・X線・紫外線をあてると光る現象）を発することが分っている。ホタルイカの体に紫外線を当てると，肝臓や発光器が黄色く光ることが分かった（写真66）。

・ホタルイカの内臓を蛍光を発した器官ごとに分け，DMSOによる化学的発光試験を行った結果，肝臓が最も強く光った。肝臓から初めて発光物質が得られた。

・研究の結果，肝臓にあるホタルイカプレルシフェリン（発光物質になる前の物質）は，肝臓中でアミン体とチロシンに対応する化合物によって作られる。次にホタルイカルシフェリン（水溶性の活性型ルシフェリン）となり各発光器に運ばれ，そこでたんぱく質によって発光部分が覆われた不活性型ホタルイカルシフェリンとして貯えられる。これは必要に応じて，もとの活性型ルシフェリンに戻り発光する。その結果できた発光生成物である酸化ホタルイカルシフェリン（ホタルイカオキシルシフェリン）は，肝臓に戻ってアミン体という物質に変化する。アミン体は，最初のホタルイカプレルシフェリンの原料となり，ホタルイカルシフェリンが再生される。その結果，発光で失われるのは１個のチロシン部分だけであることが分かった。

・この仮説が正しければ，ホタルイカは肝臓と発光器の間でリサイクルを行い，効率よく発光をくり返していることになる（圃，1984）（図６）。』

　圃博士は，滑川市の市民大学講座で「ホタルイカは人工飼育ができないため，ホタルイカ自身についての発光リサイクルを実証することはできませんが，その過程を人工合成によって試験管内で化学的に立証し，ホタルイカルシフェリンの肝臓―発光器間における効率的なリサイクル発光の仕組みを解明することができました。」と話しておられます。

富山湾におけるホタルイカの回遊経路（垂直・水平移動）

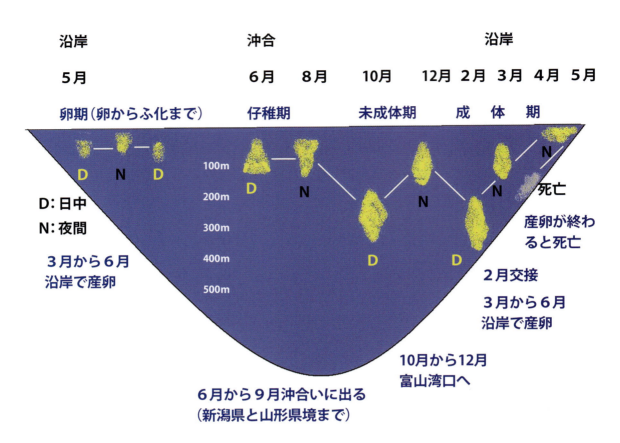

（林,1995より作図）図7

おもに3月から5月に富山湾の沿岸で産卵　写真67

（４）ホタルイカの分布と回遊経路　　研究者　林清志・内山勇

①分布（生息場所は日本近海）　ホタルイカの分布については，水産試験場の報告の中に『富山湾のホタルイカは，おもに本州以北，オホーツク海などの日本近海の水深200～600mの暗く冷たい環境に生活している。早春の産卵期になると，夜間から早朝まで海面近くまで浮上して産卵し，その後深い海に戻っていく（林・内山，1995）。』と記されています。

　ホタルイカは自由に泳げるのになぜ日本近海だけに分布しているのでしょうか。まだ謎に包まれています。

②回遊経路　ホタルイカがどのように移動をしながら成長や生活をしているのでしょうか。富山県水産試験場の林清志博士は，「富山湾産ホタルイカの資源生物学的研究（林，1995）」の中で，181回の中層トロールの調査で8,784個体のホタルイカを採集し報告しています。要約しますと，

『・４月から６月にかけて，富山湾の湾奥部で産卵されたホタルイカの卵は，水深100mより浅い層に分布しながら，水塊の移動とともに富山湾以北の海域へと運ばれる。魚津沖を基点とすると，対馬暖流により最大で新潟県と山形県境付近まで拡散，輸送されふ化する。

　・ふ化後，水深50～125mの間を，夜間は浅い層へ，昼間は深い層へと移動するようになる。

　・６月から９月にかけて，湾外の海域で成長しながら，昼間はさらに深い層へ移動するようになり成長するにつれて，産卵場である富山湾付近へと徐々に移動し，早いものでは10月ごろに富山湾奥部で生活するものもいる。

　・10月から12月にかけて，さらに成長が進むと，夜間は水深50～100m層へ，昼間は水深200m層よりさらに深いところへ移動するようになる。このころに湾口から湾奥部への移動が開始される。

　・２月になると，オスがメスに精きょうを渡す交接行動が行われ，その後オスは死亡しメスは富山湾の湾奥沿岸域で産卵期を迎える。３月から６月の産卵期のメスは，夕方に浮上しながら接岸し夜間に産卵した後，明るくなると下降しながら離岸するという行動をくり返し，産卵終了とともに死亡するものと推定される（図７）。』

　その後，富山湾以外で産卵しているホタルイカの回遊経路について調査が行われました。ホタルイカの卵は，大量にしかも広く日本海に分布していることが分っていますが，富山湾のホタルイカの漁獲量がその年によって大きく変動する要因が分っていませんでした。そこで，この要因を明らかにする研究が始まりました。元富山県農林水産総合技術センター水産研究所の副所長内山勇氏の報告からまとめてみました。

『・富山湾の漁獲量の変動は，卵や仔稚期（稚イカ）の海洋環境と関連するが，それは富山湾のものではなく，日本海西部の海域の水温であることが推測される。

　・日本海の春季発生のホタルイカは，朝鮮東岸から富山湾を主な産卵場，日本海中央から津軽海峡西方に至る冷水域を主な生育場とし，これらの二つの海域間を回遊している単一の系統群と考えられる。富山湾漁獲群は，これらの一部が富山湾に来遊し，結果的に富山湾で産卵する群れと考えられる。富山湾への来遊量は，産卵場の環境変動や富山湾付近の海洋環境にも大きく左右される（内山，2001）。』

ホタルイカの産卵

産卵（1回に約2,000個の卵を産みます）写真68

生み出された卵塊（ゼリー層に覆われています）写真69

広い海での水産生物の回遊経路は，調査船による膨大なデータの収集と解析が必要で，地道で困難な研究が続けられています。

（5）産卵・産卵行動・発生・餌　　研究者　林清志・道之前允直・鬼頭勇次

①産卵　ホタルイカの漁獲は，3月から6月まで富山湾の沿岸部でさかんに行われます。前に書きましたが漁獲期に捕れるのはメスだけです。産卵についての研究（林,1989）を要約すると

『・ホタルイカの産卵は，ロートから透明なゼラチン様の物質に包まれ数珠のように一列につながった卵を連続して放出し，長さは約1mになっていた。また，一度に約2,000個の卵を，5回にわたって計約10,000個を産んでいると推測される（写真67〜69）。』

『・ホタルイカの産卵期は3〜6月で，主産卵期は4〜5月と推定された。』と報告されています。

　また，「ホタルイカの素顔」の「ホタルイカの資源（林,2000）」の中で，

『・ホタルイカの産卵場は，隠岐島西側の海域，隠岐島東側の若狭湾を中心とする海域と富山湾の三ケ所であることが分かっている。』

『・富山湾の湾奥部でのホタルイカは，午後8時以降に定置網付近に来て，午前0時を過ぎてから産卵し，明るくなるころに沖の深みに戻っていくことが明らかになった。』

『ホタルイカは昼間には水深200mより深い層にいて，夜間に表層付近に浮上する日周行動を行っている。』と書かれています。

　産卵期のホタルイカは，水深200m以上の深い海から海面までの間を毎日往復することになります。深い所に行くときは，ロートによる遊泳運動もしますが，ほとんどエネルギーを使うことなく沈むように移動します。運動していないときや，死んでしまったホタルイカは水槽の底に沈んでいます。しかし海面に来るには，ロートによるロケット運動やヒレを積極的に使ってやってきます。産卵期のホタルイカが生活している水深付近の水温は冷たく，卵が正常に発生しふ化するには，暖かい海面にやってこなければなりません。ホタルイカは県東部では，とくに滑川市と魚津市の沖合1〜1.5km付近に定置網が張られ漁獲されています。この地域の海は，海岸線から急激に深くなっていて，ホタルイカの多く分布している場所が海岸に迫っています。ホタルイカは，産卵期以外でも海面近くと数百メートルの深い海を往復する日周性（生物が一昼夜を周期として行動や反応すること）を示します。動物プランクトンを餌とする魚が夜に海面に集まるのと同じように，ホタルイカも夜間集まってきます。日中は他の捕食者に食べられないように，暗い海に戻っていきます。夜間，動物プランクトンが海面付近に多いのは，日中に太陽光線で繁殖した植物プランクトンを食べるため，海面近くに浮きあがってくるからです。水面付近の温かい環境でふ化しやすくするためと，その後の成長や移動にも役立っているのでしょうか。

②産卵行動　ホタルイカの産卵行動についての研究「ホタルイカと光（道之前・鬼頭,2009）」では，富山県水産試験場の過去16年間（1982〜1997）の主要7漁港の漁獲量と富山気象台の観測データから分析され，次のようにまとめられています。『ホタルイカの産卵行動は①垂直浮上（暗くなると上昇する），②接岸，③産卵，④離岸，⑤垂直沈降（明るくなると下降する）の要素に分けられ，①は太陽の運行に同調した日周期活動，②，④は月の運行に同調した月周期活動（満月と

ホタルイカの産卵

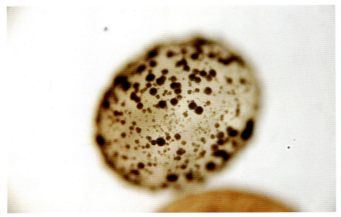
せん毛虫に食べられる卵　写真70

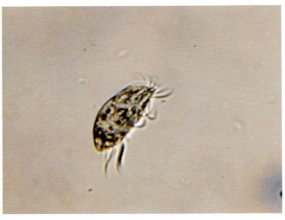
せん毛虫　写真71

精きょう　写真72

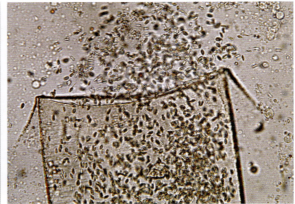
精きょうからでる精子　写真73

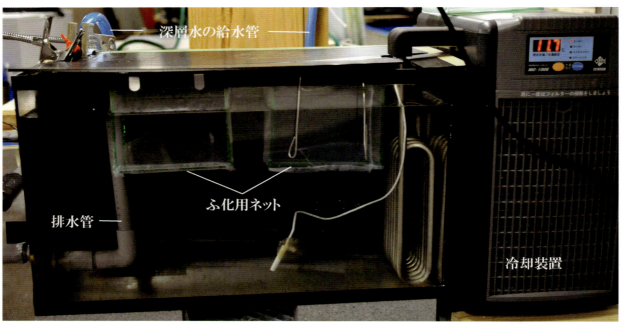
ホタルイカのふ化装置（深層水を連続給水します）写真74

新月のときに豊漁になる15日周期），③は卵巣の成熟度による概年リズム（生物現象の示す年周期性で冬眠や換羽などにみられる）と考えられる。①から⑤へと順番に起きる連鎖行動で，いずれの要因が欠けても正常に産卵行動を完成することができないものと考えられる。』と書かれています。ホタルイカの産卵行動が，天体の運行にシンクロした本能であることに驚かされます。

ちょっと一息　　「行くと帰るは大違い」　ホタルイカは，まわりを暗くしておくと，飼育水槽の中で活発に泳いでいますが，光を当てるといっせいに沈んでいきます。そこでホタルイカの比重を測ってみると，1.034（沿岸海水の比重は1.017で深層水は1.027）ありました。海水よりもホタルイカの比重が大きいので，何もしないとホタルイカは沈むことになります。海面近くまで来るには，ロートから海水を吐き出しながら浮上しなければなりません。一方，産卵後に深い海に帰っていくとき，比重が重いのでそのまま沈んでいけばよいことになります。ホタルイカの沈む速度を深層水で調べたところ秒速6〜10cmだったので，水深200mまで戻るには垂直方向でも33〜55分かかることになります。実際は海面近くの海水の比重は小さいのでもっと早く沈むでしょうし，沖の方への移動もありますから，単純には計算できません。また，ただ沈むだけではなく積極的に遊泳もしている可能性があります。

③発生（赤ちゃんは温かい海で）研究者　林清志　ホタルイカの発生については多くの研究者が取り組んできました。遊泳速度の遅いイカや小型のイカは飼育可能ですが，遊泳力の強いイカは，飼育そのものが難しい上に，卵のふ化や稚イカの飼育になると，もっとたくさんのハードルがあります。とくに発生途中の胚を食べようと，多くの微生物が侵入してきます。中でもせん毛虫の仲間は，あっという間に栄養いっぱいの卵や胚を食べつくしてしまいます（写真70,71）。発生のための最適な条件は未解決のままです。『ホタルイカの発生は水温6.2℃で停止してしまう。卵のふ化には水温9.7℃で14日間，水温13.4℃で8日間かかる（林，1995）。』とされています。ホタルイカの発生は，水槽内で産卵した卵塊を水温10〜15℃（産卵期の海水温に近い）の別の水槽に移す方法と，メスの背中にある精きょう（写真72）から得た元気のいい精子（写真73）を成熟した卵に加えて人工授精をしてから水槽に移す方法があります。

　ホタルイカの発生について林清志博士の研究では，次の表のように報告されています。

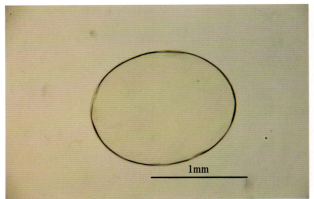
①未受精卵　写真75

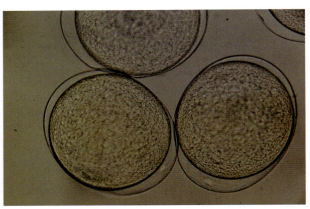
②受精卵（受精膜の形成）写真76

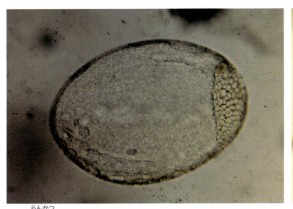
③卵割（らんかつ）の進行
（写真の右側に卵割（らんかつ）によってできた細胞がたくさん見えます）写真77

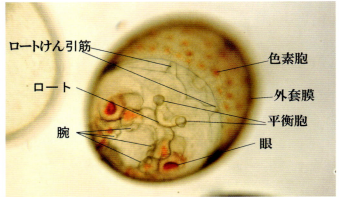
④器官ができ始めます
（写真の中の説明は将来できる器官などの名前です）写真78

⑤ふ化直前　写真79

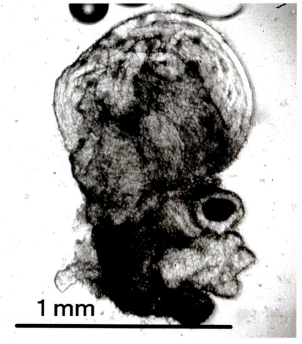
⑥ふ化直後（滑川高校にて）写真80

（水温 16.5 ～ 19.5℃，2ℓのビーカー，50 個の卵を使用）

産卵後の 経過（時間）	発　生　経　過	大きさ
2	変化なし	1.5×1.16mm
6	卵割　2細胞期	
9	卵割溝	
16	胚盤葉*1の周縁が長径の1/6	
27	胚盤葉の周縁が長径の1/3	
41	胚盤葉の周縁が長径の1/2	
50	胚盤葉の周縁が長径の2/3	
63	胚盤葉の周縁が長径の全体	
72	眼・口・外套膜の各原基*2が形成	
87	ロート・3対の腕の各原基が形成・色素の出現	
96	平衡胞・吸盤の形成	
111	エラの原基形成	1.87×1.75mm
120	墨汁のう形成	2.06×1.87mm
130	ふ化	外套長1.4mm

*1胚盤葉：胚の上の部分（動物極）にできる細胞のかたまりで，発生が進むにつれて，胚を覆うようになる部分をいう。
*2原基：発生がまだ進んでいない状態の器官

　「ほたるいかミュージアム」等などで撮影したホタルイカの発生の装置（写真74）や発生の写真を載せてみました（写真75～79）。

ちょっと一息　　「残念無念」　私も何度か水槽内で産卵したホタルイカのふ化実験をしてみました。ふ化直前まではいくのですが，その多くはせん毛虫に食べられたり，全く発生が進行しなかったりの連続でした。今から45年ほど前，滑川高校に勤務していたとき，生徒とホタルイカの発光の実験を終え，水槽の海水を洗い流そうとしたとき，2mm足らずのホタルイカが10数匹泳いでいるのを偶然見つけました。このときの条件を記録しておくべきだったと後悔したものです。モノクロームの写真はその時のものです（写真80）。

④餌　研究者　林清志・平川和正　ホタルイカは多くの魚の餌になっていますが，ホタルイカは何を食べているのでしょうか。産卵期のホタルイカの胃の中身を顕微鏡で調べてみると，細かい粒子が粘液状になっているだけでそれ以外ほとんど何も見えません。消化が早いのか，マリンスノーのようなものを食べているのか，何も食べていないのかよく分かりません。林・平川（1997）は「富

深層水のプランクトン（水深 300m）

Pareuchaeta elongata
パーユーケータ　エロンガータ
（冷水性のプランクトン）
写真81

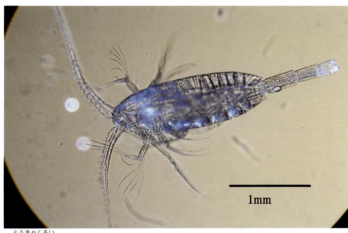

Metridia pacifica
メトリディア　パシフィカ
（ホタルイカの餌になっている種　冷水性のプランクトン）写真82

撓脚類（カイアシ類）（四季を通じて多く出現）

ケイソウの仲間　写真83

（深層水でよく出現したその他のプランクトン
　いずれも「ほたるいかミュージアム」にて）

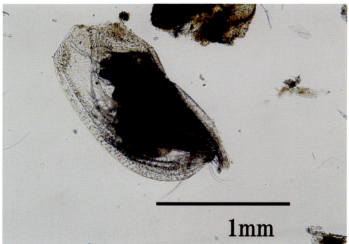

ウミホタルの仲間　写真84

山湾産ホタルイカの餌生物組成」の研究からホタルイカのおもな餌を報告しており，『胃の内容物のおもな種類は，動物プランクトンでは甲殻類のカイアシ類，オキアミ類，端脚類があり，その他魚類，イカ類である。魚類とイカ類は，成体のホタルイカのみで，甲殻類のプランクトンは，ホタルイカのすべての発育段階で認められている。甲殻類プランクトンでは，カイアシ類が5種，オキアミ類と端脚類はそれぞれ1種で，7種のうち6種が冷水性のプランクトンであった。暖水性プランクトンは，カイアシ類の1種のみであった。胃の内容物とその量から考えると，ホタルイカはすべての発育段階を通じて主要な飼料源は，冷水性の甲殻類プランクトンに依存しているものと考えられる。』とされています。研究報告では，外套長3mm以下のホタルイカの胃の内容物は確認されていないことから，水産研究所の南條博士は「多くの微生物を含む粘液が稚仔（稚イカ）の餌になっているのではないか。例えば，マリンスノー（プランクトンの死骸や細菌類のかたまりで，雪のようには沈んでいく）のようなものを食べているのではないか」と話しておられました。深層水のプランクトンを1年間調べてみましたが（写真81〜84），やはり甲殻類の動物プランクトンであるカイアシ類が圧倒的に多く出現しました。深層水の環境は極端な低温なので，冷水性のプランクトンが胃の中に多いのは当然といえます。水質の安定や餌などの飼育条件が確立できれば，稚イカのホタルイカの飼育も夢ではないと思われます。報告された餌になっている甲殻類プランクトンには次の7種があげられています。

撓脚類（カイアシ類）

Candacia bipinnata	（カンダシア　ビピンナータ）	（暖水性）
Neocalanus cristatus	（ネオカラヌス　クリスタートゥス）	（冷水性）
Metridia pacifica	（メトリディア　パシフィカ）	（冷水性）（写真82）
Pareuchaeta japonica	（パーユーケータ　ジャポニカ）	（冷水性）
Scolecithricella minor	（スコレシソリケラ　ミノー）	（冷水性）

オキアミ類

Euphausia pacifica	（ユーファジア　パシフィカ）	（冷水性）

端脚類

Themisto japonica	（テミスト　ジャポニカ）	（冷水性）

5　もっと知りたいホタルイカ

（1）ホタルイカの進化と名前

①先祖は貝　ホタルイカの進化のあとをたどってみましょう。生物は現在記録されているもので約175万種といわれていますが，実際はその10倍以上の種類がまだ発見されずにいると考えられています。地球上の生物は，約38億年前の生命の誕生から進化して，古生代カンブリア紀（約5.8〜5.1億年前）に二つの枝に分かれたと考えられています。生物を1本の樹に見立ててあらわしたものを系統樹といいます（図8）。動物の分類の研究が進んでいろいろな系統樹が作られていますが，少し古い形の系統樹で見てみると図のようになります。クラゲなどの刺胞動物（以前は腔腸動物と

動物の系統樹

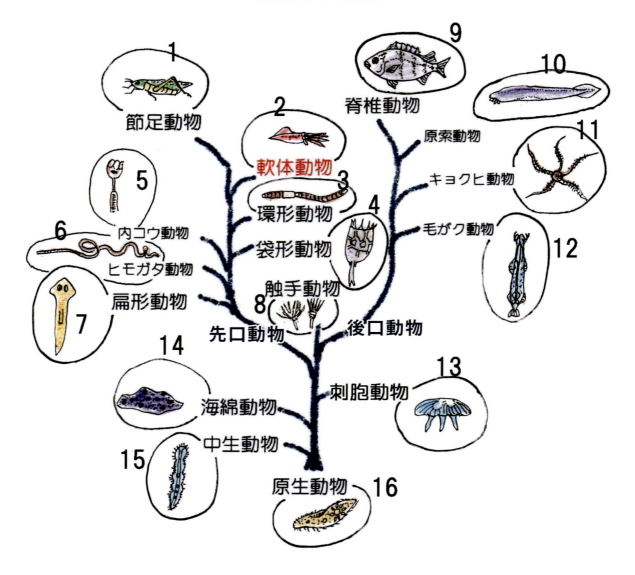

1 バッタ　2 ホタルイカ　3 ミミズ　4 ワムシ　5 コケムシ　6 ヒモムシ　7 ナミウズムシ　8 ホウキムシ　9 メバル　10 ナメクジウオ　11 クモヒトデ　12 ヤムシ　13 ミズクラゲ　14 カイメン　15 ニハイチュウ　16 ゾウリムシ

注　4 ワムシ：0.1～1.5mmの微生物，淡水産が多い　5 コケムシ：海産が多い　固着生活　6 ヒモムシ：0.5mm～1m以上のものまでいる　海底の泥の中　7 ナミウズムシ：肛門がなく，きれいな川の石の裏などにいる　8 ホウキムシ：イソギンチャクに似ているが別種　10 ナメクジウオ：セキツイ動物の祖先　15 ニハイチュウ：約20個の細胞からできています　イカやタコの腎臓に寄生します。系統樹は腔腸動物を刺胞動物に改編しています。

（江原・市村供編, 1981）図8

呼ばれていました）や海綿動物が出現したあと，大きく二つの枝に分かれました。一つの枝は，口が先にできて肛門が後にできる先口動物のグループです。環形動物（ミミズ・ヒル），軟体動物（ホタルイカ・タコ・アサリ・カタツムリ），節足動物（トンボ・エビ）などが進化しました。もう一つの枝は，肛門が先に出来て口が後にできる後口動物のグループで，キョクヒ動物（ウニ・ヒトデ）やセキツイ動物（ヒト・ニワトリ・カメ・カエル・アユ）などが進化してきました。ホタルイカは軟体動物ですから，ヒトとは遠い昔に枝分かれしたことになります。頭足類の祖先は，古生代カンブリア紀（約5.8〜5.1億年前）にさかのぼりますが，イカの祖先はオウムガイ類やアンモナイト類といわれ，多くは巻貝の形をしていました。アンモナイト類は中生代（2.5億〜6,500万年前）に栄え，恐竜とともに絶滅しました。「イカの春秋（奥谷, 1995）」のなかには，イカの進化について，『ジュラ紀（2.1〜1.4億年前）から白亜紀（1.4億〜6,500万年前）にかけて繁栄したベレムナイト（甲の形の化石から矢石と呼ばれています）はコウイカの祖先といわれ，まっすぐな殻をもつオウムガイの仲間を起源として進化した。』と記されています。ベレムナイトは体内に石灰質のかたまりを持ち，表面が外套膜で覆われ，現在のイカとそっくりな形をしていましたが，貝殻をもたないイカの仲間は，爆発的にその種類や数を増やしていったと考えられます。その後進化して貝殻というヨロイを脱いで大丈夫なのでしょうか。進化は危険と背中合わせともいえます。

ちょっと一息　　「**カンブリア大爆発**」　「新しい高校地学の教科書（杵島他, 2014）」のなかに，『古生代カンブリア紀の中頃（約5.4億年前）に海の中では背骨のない生物たちが爆発的な進化をしました。これをカンブリア大爆発と呼んでいます。この前の約6億年前には，地球環境は雪玉地球（スノーボールアース）と呼ばれる氷の惑星になっていたと考えられています。雪玉地球の冷たい海の中でも生命は脈々と受け継がれ生きのびました。このことが次の時代に起こる生物の爆発的進化のため重要であったといえるでしょう。』と記されています。この頃の環境は，強い紫外線や不安定な温度のため，まだ陸上には生物がいませんでした。ホタルイカの仲間の頭足類の祖先もこの時期の後に出現したといわれています。

②軟体動物の仲間　　ホタルイカは軟体動物の仲間ですが，軟体動物は①体がやわらかい②貝殻をもつ（貝殻がないものもいます）③体を包む外套膜をもつ④多くは水中で生活し，エラ呼吸をする⑤口には食べ物をこすりとる歯舌をもつなどの特徴があります。ヒトとは違った道を歩いてきたので，ずいぶん変わっています。「岩波生物学辞典（八杉他, 1996）」では，軟体動物を『カセミミズ綱（無板類），ヒザラガイ綱（多板類），ネオピリナ綱（単板類），マキガイ綱（腹足類），イカ綱（頭足類），ニマイガイ綱（斧足類），ツノガイ綱（掘足類）』と七つのグループに分類しています。

　　それでは頭足類にはどのような仲間がいるのでしょうか。「ホタルイカの素顔（奥谷, 2000）」には次のように分類されています。

③イカ綱（頭足類）の仲間　　イカやタコの仲間は，エラの数で次の２種類に分けられます。

原始頭足亜綱（４個のエラをもつ仲間）

　・オウムガイ目

　・アンモナイト目　化石のみが知られています

後生頭足亜綱（２個のエラをもつ仲間）

　・ヤイシ目　　　　　化石のみが知られています

　・コウイカ目　　　　コウイカ・ダンゴイカ・ミミイカ

　・ツツイカ目

　　　　　閉眼亜目　眼のレンズの上に膜があるもの（閉眼類）

　　　　　　　　　　ヤリイカ・アオリイカ

　　　　　開眼亜目　眼のレンズの上に膜がない種類（開眼類）

　　　　　　　　　　スルメイカ・ホタルイカ・ダイオウイカ

　・コウモリダコ目　コウモリダコ

　・八腕形目　　　　マダコ・ミズダコ・ムラサキダコ

　説明の中に目という語が出てきます。これは生物を分類するときのグループに付けられる用語です。

④ホタルイカの名前（俗名，標準和名，学名）

・ホタルイカの俗名　　ホタルイカは，古くはコイカ（小烏賊），マツイカ（松烏賊），アカイカなどと呼ばれていました。

・ホタルイカの標準和名　　学術的に付けられた日本名を標準和名（単に和名とも呼ぶ）といいます。ホタルイカの標準和名は，渡瀬庄三郎博士が明治38年（1905）に現在の滑川市に来られ，ホタルイカの研究をされたときに付けられものとされています。実はそれ以前から蛍烏賊と呼ばれていた記録もあります（滑川市博物館，2015）が，渡瀬博士のホタルイカの研究によってホタルイカの名が広く知られるようになりました。

・ホタルイカの学名　　　学名とは世界共通の生物の学術的な呼び名で，スウェーデンのリンネが考えた二名法で表記され，属名と種小名からなります。その後に命名者名が書かれます。命名者名が（　）で囲まれている場合は，属名が後で変更されたことを示しています。種小名はその生物の特徴を示す言葉で書かれています。

　最初の学名　*Abraliopsis scintillans*　Berry, 1911

　　　　　　　アブラリオプシス　シンティランス

　アメリカのベリー博士が1911年に命名しています。

　現在の学名　*Watasenia scintillans*（Berry, 1911）

　　　　　　　ワタセニア　シンティランス

　石川千代松博士が1913年に属名を変更し，研究者の渡瀬庄三郎博士の名前を付けています。

ちょっと一息　　「生物の分類」　生物の世界は，界，門，綱（こう），目（もく），科，属，種の順でそれぞれの生物が分類されています（もう少し細かく分けたいときに頭に亜（あ）をつけます）。ホタルイカとソメイヨシノを例にすると次の表のようになります。学名は属名を中心につけられています。

分類の基準	ホタルイカ	ソメイヨシノ
界	動物界	植物界
門	軟体動物門	種子植物門
亜門（あもん）	貝殻亜門	
綱（こう）	頭足綱	双子葉植物綱
亜綱（あこう）	後生頭足類亜綱（あこう）	
目（もく）	ツツイカ目	バラ目
亜目（あもく）	開眼亜目（かいがんあもく）	
科	ホタルイカモドキ科	バラ科
属	ホタルイカ属	サクラ属
種	ホタルイカ	ソメイヨシノ

（2）天然記念物（ホタルイカではなくて群遊（ぐんゆう）海面が指定）　国指定の天然記念物とは，文化財保護法に基づき絶滅（ぜつめつ）しないように保護される動物，植物，地質鉱物のことです。特に貴重なものは特別天然記念物に指定されます。現在ホタルイカは特別天然記念物となっていますが，国指定史跡（しせき）名勝（めいしょう）天然記念物指定台帳には次のように記載（きさい）されています。

1　種別　　　特別天然記念物
2　名称　　　ホタルイカ群遊海面
3　所在地　　富山県富山市，滑川市，魚津市（旧中新川郡東水橋町から
　　　　　　　下新川郡魚津町）
4　指定等種別，年月日及び告示番号
　　　　大11.3.8 天然記念物指定　　　　内務省告示第49号
　　　　昭27.3.29 特別天然記念物指定　　文化財保護委員会告示第34号
5　指定理由
（1）指定基準　天・動－3
（2）説明　　指定地域の海岸には初夏に，ホタルイカが神秘（しんぴ）な光を放（はな）ってやってくる。とくにこの地域には，岸近くまで産卵にやってくるので，その群遊する海面を天然記念物として指定している。光を出すイカが海岸にやってくるのは世界的に見ても例がなく，海底地形や水温などが深いかかわりを持つと考えられている。
6　指定地域　常願寺川（じょうがんじ）河口右岸より旧魚津町に至る海岸朔望満潮線（さくぼうまんちょう）（新月と満月の前2日，後4日の海岸線の平均）より700間（けん）（約1,274m）以内の海面（写真85）。

7　指定地の面積　記載なし
8　管理団体　　　富山県 大11.11.7

ホタルイカ群遊海面の一部（早月川左岸より富山方面を望む）写真85

群遊海面の看板
（滑川市和田の浜付近）
写真86

特別天然記念物指定海面（空色の部分）図9

　世界的にも珍しい発光生物が富山湾，とりわけ富山市，滑川市，魚津市の海岸近くまで大量にやってくる海域が群遊海面として特別天然記念物に指定されています（写真86，図9）。以上のことから，海域が指定されていてホタルイカが指定されているわけではありませんからホタルイカは食べてもいいのです。

（3）漁法と漁獲高

・**漁法**　ホタルイカ漁は，古くは地引網も使われていましたが，今では定置網のみとなっています。定置網は，魚が群がって泳いでいるところを待ちうけて捕らえる漁法で，魚を誘導する垣網，袖網，昇り網と魚を捕らえる身網（箱網）からできています（写真87）。

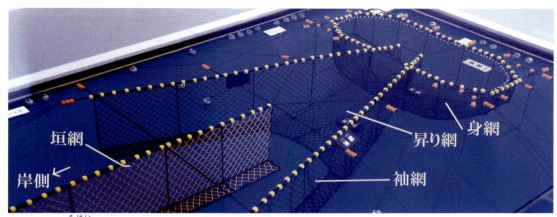

定置網の模型（右側が沖の方向で左側が岸の方向です）写真87
（「ほたるいかミュージアム」提供）

ホタルイカ定置網　写真88

　富山湾を紹介した「富山湾（藤井編,1974）」の中に，『定置網は，山口県，富山県，宮城県に起源をもっているといわれている。富山県を発祥地として北陸各地に伝わったものは台網と呼ばれていて，すべて藁で作られていたため藁台網と呼ばれていた。』とあります。ホタルイカ漁の定置網は，岸の近くから沖に向かって海底に垂直に張った数百mの垣網でホタルイカの行く手をさえぎり，横に逃げないように廊下の壁にあたる位置に袖網を張り，奥に向かって上がっていく昇り網を登り，横約100m，縦約20mの身網（袋網・箱網ともいう）に誘導します（写真87,88，図10）。定置網でとられたホタルイカの大半が産卵直後の成熟したメスであり，新鮮で商品価値も高いものです。昔の観光冊子である「越中滑川浦二大奇観（滑川町役場,1923）」よると，『天正13年（1585）に四歩一屋四郎兵衛がわら台網（定置網）でコイカをとった。』と記録されていますが，その証拠となる文献はまだ発見されていません。垣網や昇り網，袖網のすべてまたは一部は，今でも稲ワラで編まれ，いくつかの漁協で使われています。ワラでできた網は，約半年足らずでその使命を終え海底に沈められます。膨大な量のワラ網は，前年の秋から人の手で編まれています。

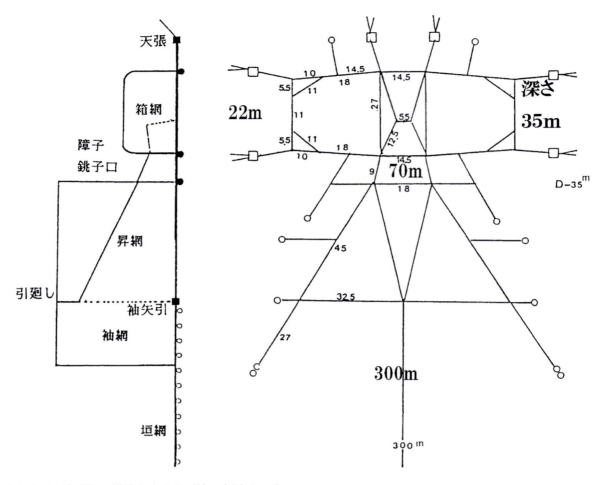

ホタルイカ定置網の構造と大きさ（林・今村, 1995）図10

ホタルイカの定置網（定置網は赤色，空色は大陸棚（たいりくだな））（林・今村, 1995）図11

富山県では垣網などをワラで編む工場がほとんどなくなったそうですが，私が訪ねた工場では130年以上この伝統産業を続けているということでした（写真89）。ホタルイカの垣網などを準備する光景が，まだ雪の降る2月の滑川漁港などの風物詩として見ることができます（写真90）。

垣網を編む（稲ワラを使って数ヵ月かけて人手で編まれます）写真89　（(株) 折橋商店にて）

　化学繊維の網が普及するなか，入手も困難になった長い稲ワラを使っての網は，良質なホタルイカを大量に捕獲する何らかの秘密があるのかもしれません。富山湾のホタルイカ定置網の多くは，射水市から魚津市の水深約50m前後の沿岸に並んで設置されています（図11）。林清志博士は，『ホタルイカの漁獲高は，1953年から1992年で476～3,894tである。日本海の西部海域での漁法は，おもに底引網によるものである。富山湾の定置網は，午前4時ごろ産卵の終わったホタルイカを数十mの浅い海でとらえるため資源の維持はできるが，底引網の場合は，日中200mの水中をトローリングして産卵前のホタルイカを大量に捕獲することになるのでホタルイカの資源への悪影響が懸念される（林, 1995）。』としています。富山湾における定置網漁業は，漁獲量の70％以上を占めています。ホタルイカの他に，アジ，サバ，イワシ，ブリ，マグロ，スルメイカなどの回遊性の魚類を主としています。ホタルイカ定置網は産卵するメスの一部だけを産卵後に捕らえるので，貴重な資源を残す意味でも持続可能なエコ漁法といえます。

・漁業　富山県における過去5年間（2009～2013年）の，おもな漁港での3月（3月1日が解禁）から6月までのホタルイカ漁獲高は次のようになります（グラフ1～4）。

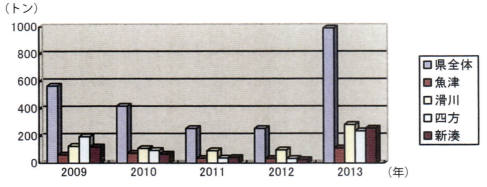
ホタルイカの漁獲高　3月（単位：トン/年）　グラフ1

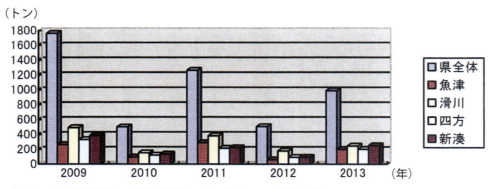
ホタルイカの漁獲高　4月（単位：トン/年）　グラフ2

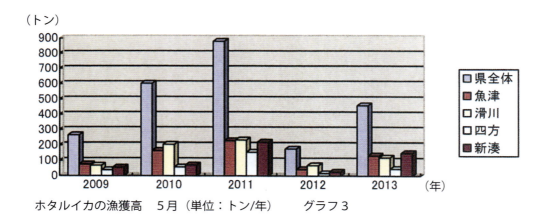
ホタルイカの漁獲高　5月（単位：トン/年）　グラフ3

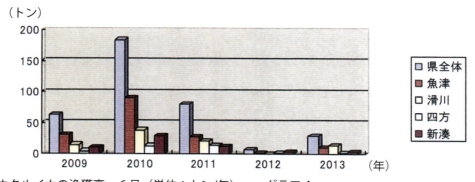
ホタルイカの漁獲高　6月（単位：トン/年）　グラフ4

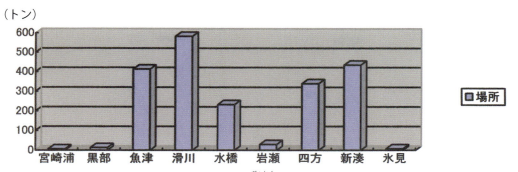

過去10年間（2004〜2013年）のホタルイカの漁獲高（単位：トン）　グラフ5
宮崎浦は過去5年間（2009〜2013年）　（水産研究所データよりグラフ化）

　過去10年間の平均でみると，富山湾でのホタルイカの漁獲高は年間2,025tとなります。ホタルイカは3月から5月までの3か月間にその大半が漁獲されていますが，6月になると激減していることが分かります（グラフ4）。各地区で見ると，県の東部では魚津と滑川，あとは四方と新湊が飛びぬけています（グラフ5）。少しデータが古いのですが，1994年の各地域の定置網数は，『新湊（現在射水）11統，四方6統，岩瀬2統，水橋5統，滑川13統，魚津13統，計50統（林・今村，1995）』です。日本海でのホタルイカ漁は，富山県以外でも『1984年に兵庫県と京都府で底引き網によって行われて以来，鳥取，福井，石川，新潟の各県で行われ年間の漁獲高は5000〜6000t台で推移している（林，1995）。』となっています。

毎年3月1日の出番を待つホタルイカの垣網（滑川漁港にて）写真90

食物網

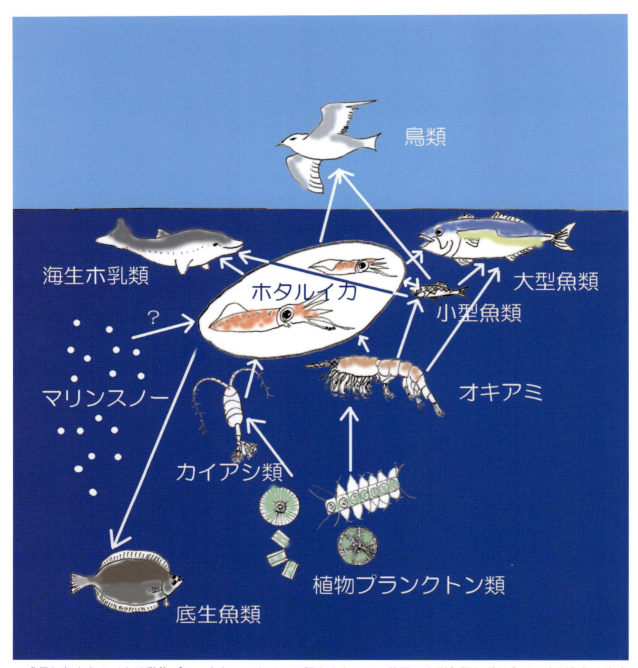

成長したホタルイカは動物プランクトンのカイアシ類やオキアミの仲間，小型魚類などを食べ，大型魚類や海鳥などに食べられています。稚イカの時期は，カイアシ類やマリンスノーなどを食べていると考えられています。図は「イカはしゃべるし空も飛ぶ（奥谷, 2009）」を一部改変しました。 図12

（4）食物連鎖（食べて食べられ共に生きる）

　ホタルイカは小さな魚やエビや，もっと小さな動物プランクトンを食べています。一方，ホタルイカを食べる動物はたくさんおり，カモメなどの鳥類の他に『底魚類，サケマス類，鰭脚類（アザラシ，オットセイ）などの重要な餌になっている（奥谷, 2000)。』ことが知られています。このようにすべての生物は，食う食われるという食物連鎖と呼ばれるつながり関係を保ちながら共存共栄しています。命は他の生物の命をもらって生き続けることができます。ホタルイカも他の動物たちの大切な餌となり，それらの生物の生命と種族の維持に役立っていることが分かります。実際には複雑な網の目のように食う食われるという関係があるので，食物網（図12）と呼ばれています。

（5）ホタルイカとホタル　ホタルイカとホタルは，どちらも暗い場所や時間に光っていますが，どのように違うのかを比べて生物がなぜ発光するのかを考えてみましょう。

	ホタルイカ	ゲンジボタル
分類	軟体動物	節足動物
体のつくり	腕，頭，胴の順　外套長 約7cm（メス）約5cm（オス）	頭，胴（胸腹），足の順 2cm（メス）1.5cm（オス）
生活	海水中	幼虫は淡水中，サナギは地中，成虫は陸上
体の支え	体内にある軟甲	外骨格
眼	カメラ眼	複眼
防御	カウンターシェーディング，スミをはく	悪臭のある体液
発光器の色と構造	黄色 発光物質を含む細胞，反射層，レンズ，酸素を運ぶ血管	黄白色 発光物質を含む細胞，反射層，レンズ，酸素を送る気管
発光器	腕，眼，頭部，ロート，外套膜の腹側（オス・メス）眼発光器以外は色素胞を持つ	メスは腹部第5節のみ オスは第5節と第6節
エネルギー効率	98％ ほとんど熱を発しない	ホタルイカに同じ
発光色	青色，緑色（皮膚発光器） 青色（腕発光器） 青色（眼発光器）	黄色

発光生物

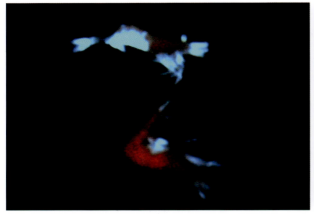
死んだエビに寄生した発光細菌
（ほたるいかミュージアム提供）写真91

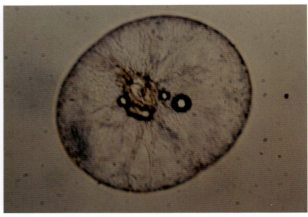
ヤコウチュウ（原生動物）写真92

発光ゴカイ（環形動物）
（稲村　修博士提供）写真93

ヒカリキンメダイ
（ほたるいかミュージアム提供）写真94

ヒカリキンメダイの発光
（ホタルイカミュージアム提供）写真95

マツカサウオ（稲村　修博士提供）写真96

発光物質	ホタルイカルシフェリン	ホタルルシフェリン
発光の意味	防御（カウンターシェーディング，光を使ったオトリ）	メスとオスの情報伝達 オスはシンクロして発光
餌	動物プランクトン・魚類	カワニナ（淡水産巻貝）
運動	ロートによるロケット運動	歩行・飛翔
産卵数	約2,000個ずつ約5回 計約10,000個	約500〜600個
ふ化までの日数	約1週間（13℃）	約30日間
寿命	1年（メス）1年弱（オス）	1年（幼虫は越冬）以上
天然記念物または 特別天然記念物	富山県富山市から魚津市にかけての沿岸海面	日本各地で多くの発生地が指定

（6）発光生物　ホタルイカ以外にもたくさんの発光生物がいます。著書「発光生物（羽根田，1985）」からおもな発光生物をあげてみましょう。

『細菌類　　発光細菌は100種以上知られていますが，多くは海産です（写真91）。

菌類　　　ツキヨタケ

原生動物　ヤコウチュウ（写真92）

刺胞動物　オワンクラゲの仲間，ウミサボテン，ユウレイクラゲ

環形動物　発光ゴカイの仲間（写真93）

軟体動物　ヒカリウミウシ，ホタルイカモドキ，コウモリダコ

節足動物　ウミホタルの仲間，オキアミの仲間，ゲンジボタル

キョクヒ動物　ヒトデの仲間，ナマコの仲間

原索動物　ヒカリボヤ，ユウレイボヤ，オオサルパ

魚類　　　ヒカリキンメダイ（写真94,95），マツカサウオ（写真96）（発光細菌の共生）』

　セキツイ動物で発光するのは魚類だけです。両生類，ハチュウ類，鳥類，ホ乳類はなぜ発光しないのでしょうか。

ちょっと一息　　「発光するわけ」　生物はなぜ発光するのでしょうか。次のような理由があげられています。①自分を襲うものを驚かす（威嚇）②仲間との情報交換をする（信号）③自分の姿を消す（カウンターシェーディング）④残像を利用してそのすきに逃げる　⑤餌の誘引　⑥照明　⑦その他

（7）ホタルイカの不思議な生態　春先の3月から4月にかけて富山湾の中央部から東部の海岸

「ホタルイカの身投げ」

「ホタルイカの身投げ」(土肥清美氏撮影)
(滑川市の礫の海岸での「身投げ」)写真97

「ホタルイカの身投げ」
(富山市の海岸　砂浜での「身投げ」)写真98

に，大量のホタルイカが打ち上げられることがあります。この現象を地元では「ホタルイカの身投げ」と呼んでいます。おもに午後9時ごろから深夜2時ごろまでの真っ暗な夜に現れます。海岸線がコバルトブルーに縁どられ，信じられないくらいの美しさです。スケールの大きな身投げは，年に数回しか見られません。「身投げ」が起こる条件でよくいわれているものをあげてみると次のようになります。

- 温かくて南風が吹いている日
- 海が澄んできれいなとき
- 新月をはさんで前後数日に多い
- 砂浜（礫の浜でもあるが少ない）
- ホタルイカの定置網が多い海域（四方，岩瀬，滑川，魚津）
- 午後9時ごろから翌日の早朝までに多い

　では「身投げ」はどうして起こるのでしょうか。甲南大学の道之前允直博士が15年ほどの気象データを分析された結果を，「NHKワイルドライフ」の中の説明で，『ホタルイカが月光で方向を感知しているとすれば，新月前後には月の光がないので，ホタルイカは陸と沖の方向を見分けられず，一部の群れが海岸に打ち上げられる。また南風が吹くと，海の表層水が沖に流され，塩分濃度の安定したきれいな海水が海岸に来る。ホタルイカは産卵に来ているので，川水が混入したり濁ったりすると来ない。』と話しておられます。これらのことから，ホタルイカはサケの回遊や渡り鳥のように太陽コンパスならぬ月コンパスをもっているのでしょうか。砂浜に多いのは海水がすぐに吸収されるので，ホタルイカが取り残されやすいためと思われます。しかし，礫やテトラポットの海岸でも少ないですが「身投げ」は見られます（写真97）。富山湾の東側の海岸は浸食が激しく，どんどん砂浜を失い波消しブロックで覆われるようになってきました。絶景「ホタルイカの身投げ」がこれからも見られることを願っています。「身投げ」した後のホタルイカは，カモメに食べられたり，波打ち際に息絶えて漂っています（写真98, 99, 100）。

ちょっと一息　「釣り人の話」　夜釣りをしている人に「ホタルイカの身投げ」について聞いてみると，「川が増水したときや雨が降っていると来ない」「月が出ていても月が雲に隠れると来て，雲が晴れるすぐにいなくなる」「一度来ると2, 3日続く」「多いときには波の形に光り波裏で光る（写真101）」「河口の両岸に多い」など興味深い話でした。

砂浜に打ち上げられたホタルイカ　写真99

身投げの後，息絶えたホタルイカのメス　写真100

「ホタルイカの身投げ」
（右側中央は波の形に光るホタルイカ）写真101

ちょっと一息　　「ホタルイカの運搬は大仕事」

「ほたるいかミュージアム」での毎朝の仕事を紹介します。

①朝午前3時の海は，身を切るような寒さです
　写真102

②出港前の準備で，カゴと水槽を組み合わせておきます　写真103

③漁場はホタルイカを狙うカモメでいっぱいです
　写真104

④タモですくって水槽へ移します　写真105

⑤スミを吐いて海水が濁ると，ホタルイカが弱るので新しい水槽に移し替えます　写真106

⑥「ほたるいかミュージアム」の水槽に入れて完了です　写真107

ホタルイカを食べる

ホタルイカの釜ゆで（桜煮）写真108

ホタルイカの地干
「ふるさとの思い出写真集」写真109

酢味噌和え　写真110

刺身　写真111

沖漬け　写真112
（パノラマレストラン「光彩」提供）

天ぷら　写真113

ホタルイカの加工品　　（有）カネツル砂子商店提供）写真114

6 人とホタルイカ

（1）食べる（珍味，豊かな栄養） ホタルイカは栄養が豊富で風味も独特の味わいがあり，ホタルイカを食べて春が来たと実感するという人もいます。しかし昔はあまり食べる習慣がなく，魚の餌や肥料に使われていたこともあります。今ではいろいろな調理法や加工法が開発され，栄養価があることも分かって人気が出てきました（写真108～114）。新鮮なものでは次のようなものがあります。

・**桜煮**：新鮮なホタルイカを塩ゆで（釜ゆで）したものを，その色合いの鮮やかさから「桜煮」と呼んでいます。プリッとした食感がなんともいえません。ワケギなどとともに，酢味噌であえて食べます。

・**刺身**：内臓と眼球を取り除き，外套膜の部分と頭部の付いた腕を食べます。小さいのでたいへん手間がかかります。

・**酢の物・煮物・昆布〆・天ぷら**などもあります。

その他，ホタルイカの加工食品としては，**煮干し，みりん干し，塩辛，黒づくり，赤づくり，甘露煮，醤油漬け，酢漬け，燻製品，菓子類**などがあり食生活を豊かにしています。

「越中滑川浦二大奇観（滑川町役場，1930）」によると，古くからの食べ方には，『**手抜きイカ**（外套膜のみ乾燥したもの），**煮干しイカ，儀助煮**（有磯煮，松風煮，金波煮ともいわれ内臓を抜き煮詰めた後，砂糖と醤油や焼酎で処理したものを瓶詰や缶詰にする）などがあって，県外までその販路をひろげた。』とあります。

ホタルイカの栄養成分や機能成分は豊かで，研究が進むにつれて価値が高まっています。

「富山の特産物機能成分データ集（富山県食品研究所，2005）」によるデータを引用しますと下表のようになります。

ホタルイカの栄養成分（食物繊維は０ｇ）

成分名（生 100g あたり）		重量
一般成分	水分	83.0 g
	たんぱく質	11.8 g
	脂質	3.5 g
	炭水化物	0.2 g
	灰分	1.5 g
無機成分	ナトリウム	*1　270mg
	カリウム（mg）	290mg
	カルシウム（mg）	14mg
	マグネシウム（mg）	39mg
	リン（mg）	170mg
	鉄（mg）	0.8mg
	亜鉛	1.3mg
	銅	3.42mg

ホタルイカの栄養成分（食物繊維は０ｇ）

	*2 レチノール		*3 1500μg
	カロテン		微量
	E		4.3mg
	K		微量
	B 1		0.19mg
	B 2		0.27mg
ビタミン	ナイアシン		2.6mg
	B 6		0.15mg
	B 12		14.0μg
	葉酸		34μg
	パントテンサン		1.09mg
	C		5mg

*1 mg：1/1000g 　　*2 レチノール：ビタミンA 　　*3 μg：1/1,000,000g

機能成分

成分	機能
エイコサペンタエン酸（EPA）*	1，2，3，4，5
ドコサヘキサエン酸（DHA）*	4，6，7，8，9，10
タウリン	4
チロシン	11，12
ベタイン	13，14，15
セレン	8

*不飽和脂肪酸 上の表の番号の作用は下記の通りです。
1抗血栓作用　2抗炎症作用　3血流改善作用　4抗高脂血症作用　5免疫調節作用　6認知症改善作用
7学習能向上作用　8抗ガン作用　9抗アレルギー作用　10眼疾患改善作用　11抗高血圧症　12抗ウツ作用
13肝機能改善作用　14抗糖尿病作用　15保湿性向上作用

　「地域特産物の栄養評価報告書（富山県食品研究所, 1991）」によると，このほかに，『遊離アミノ酸として漁獲年度や時期にかかわらずタウリンが最も多く500～600mgあり，その他グルタミン酸，アラニン，バリン，イソロイシン，ロイシン，リジン，アルギニン，プロリンが多く50～200mgであった。』と報告されています。

ちょっと一息 「踊り食いはいけません」 ホタルイカを水槽で泳がせ，それをすくって生きたまま食べる「踊り食い」という食べ方がありますが，日本消化器病学会雑誌の論文の中に，『生魚類を食べた後に急性の腹痛を起こす病気としてアニサキス症がよく知られているが，ホタルイカには，アニサキス幼虫の寄生の報告はない。1993年頃から生ホタルイカを食べた人が腹痛や腸閉塞を起こす例が富山県を中心に見られるようになった。ホタルイカによるものは，旋尾線虫幼虫typeX症によるものでアニサキス症とは区別される。対策としてはこの幼虫は熱に弱く，またホタルイカの内臓だけに寄生していることから熱処理や冷凍処理をして，または内臓を取り出して摂取すれば発生を防げると思われる（要約）。上記２種の疾患を比較すると下表（一部抜粋）のようになる（青山他，1996）。』と書かれています。ホタルイカを生で丸ごと食べると大変なことになりかねません。

	旋尾線虫幼虫typeＸ症	小腸アニサキス症
虫体の大きさ	約0.1×10mm	約１×25mm
原因魚類	ホタルイカ，スルメイカ，ハタハタ，スケソウダラ，ウグイ	サバ，スケソウダラ，タラ，サクラマスなど
臨床症状	腹痛，嘔吐，吐気	腹痛，嘔吐，吐気　（青山他，1996）

（２）見る（観光） 滑川市博物館が発行した「大蛸からホタルイカへ（滑川市立博物館，2015）」によると，『ホタルイカ観光は，今から約100年前の明治43年（1910）に２艘の遊覧船で海上観光が実施されました。そのほか，大正２年（1913）に高月海岸の地引観覧場にアーク灯を設置してホタルイカの観覧を行っていた時期もありました。』としており，現在の海上観光は，3月中旬から５月上旬にかけて行われています。朝３時ごろから乗船して沖合約１〜1.5kmの漁場に着き，定置網の網おこしとともに光るホタルイカを見ることができます（写真115, 119）。天候やその日の漁獲量によっては，せっかくの絶景を見ることができない場合もありますが，自然が相手なので仕方がありません。どうしても見たい人は，漁港近くにある「ほたるいかミュージアム」で４月上旬ごろから５月下旬ごろまで発光ライブショーを見ることができます。またこの時期には，魚津水族館でも水槽内でのホタルイカの特別展示が行われており，研究に基づいた解説と発光も楽しめます。滑川市（当時は滑川町）では，商工会とともに明治42年（1909）に「越中滑川浦二大奇観」を発行し県内外にホタルイカ観光を紹介しています（写真118）。その中には渡瀬庄三郎博士や石川千代松博士の研究もあり，当時としては画期的なできごとでした。平成３年（1992）にホタルイカが「滑川市のさかな」として決定され，「ホタルイカの町滑川」が定着しました。観光宣伝のためホタルイカをイメージした「キラリン」が活躍しています（写真117）。

　ゴールデンウイークには，ミュージアム主催の「ホタルイカ祭り（写真116）」なども開催され，にぎわいます。ホタルイカはマンホールからイルミネーションまで滑川市のシンボルマークとして使われています。

ホタルイカ観光

ホタルイカ海上観光　写真115

ホタルイカ祭り（ホタルイカすくい）写真116

「キラリン」
写真117

「越中滑川浦二大奇観」第３版
（滑川市立博物館提供）写真118

ほたるいか観光チラシ（滑川市観光協会提供）
写真119

ホタルイカ海上観光
予約受付開始　3月上旬（年度によって変更）
期間：ホタルイカ漁獲最盛期　3月20日～5月8日（2016年）
時間：乗船受付時間午前2：30～2：50まで　午前3時出港予定
集合場所：「ほたるいかミュージアム」
予約先：滑川観光協会　電話076-475-0100（海上観光予約専用ダイヤル）

（3）祈る（ホタルイカ神社）　滑川市の海岸にある賀茂神社の境内に，漁業の守護神を祀るもう一つの神社である「恵比須社」が建っています。この神社の詳しい由来は分かっていませんが，「恵比須社」は商業と漁業の神社で，日本各地にある「恵比須社」の一つです。滑川市の漁業の中心は，今では滑川漁港（滑川市坪川新）となっていますが，昔は滑川市の西の端にあたる高月地区にありました。当時この地では，春の風物詩としてホタルイカの天日干しや桜煮が盛んに行われていました。この神社は，高月の海岸に面して建っていて，鳥居が防波堤のそばにあります。かつてこの地に漁港があったころは，防波堤もなくはるか富山湾を望めたのだろうと昔の姿がしのばれます。この神社は，地元の人から「ホタルイカ神社」とも呼ばれ，ホタルイカ漁にかかわる人々が春に豊漁と安全を祈りお祭りを行っています（写真120）。

恵比須社の祭り（滑川市高月）写真120

(4) 楽しむ（生け捕り・釣り）　ホタルイカは，ときとして海岸付近まで来て打ち上げられ，地元で「ホタルイカの身投げ」と呼ばれている現象があります。このとき海岸や漁港には，多くの人

ホタルイカの生け捕りに全国から集まる春の富山湾　写真121

不思議なホタルイカの行動

緊張状態
(膨らんで体を硬くします)
写真122

ダンゴ運動？
(どんな意味があるのだろう)
写真123

影に集まるホタルイカ
(より暗い所に集まる)
写真124

タモを片手に海の中まで　写真125

ホタルイカのルアー（株式会社アグア提供）写真126

たちがタモやバケツを持って集まってきます。3月, 4月のシーズンには多くの県外ナンバーの車がひしめきあい, 海岸は懐中電灯で不夜城のようになります（写真121）。なかにはバケツに半分ぐらいの成果をあげる人もいます, 空振りになることも多く予測が立ちません。しかし集まっている人たちは, その雰囲気を楽しんでいるようで誰も不満顔をしていないのがなんともほほえましく思えます（写真125）。

　ホタルイカは, 自然界では多くの魚や鳥に好んで食べられています。栄養たっぷりの餌として最適なのでしょう。釣り人はよくホタルイカを餌にしてメバル, カサゴ, クロソイ, キジハタ, クロダイなどを狙います。最近では疑似餌としてのホタルイカルアーも作られています（写真126）。

7　迷宮のようなホタルイカの世界

（1）飼育（人工飼育は難しい）　イカを水槽で飼うことは難しいといわれています。とくに遊泳力の強いツツイカの仲間は, 水槽の壁にぶつかって傷を作り細菌感染などで死亡することから, 流れのあるドーナツ型や丸みのあるコーナーをもった大きな水槽で飼う試みが行われています。また, アンモニアなどの排出物で水質が急速に悪化するのも飼育を困難にしている要因となっています。ホタルイカは寿命が約1年で, 産卵後に死ぬわけですから, 普通には飼育ができないことになります。そこで, ふ化後の稚イカを育てることが当面の課題となります。私の経験では, ふ化しても数日は生きていますが, 多くの稚イカは, せん毛虫に食べられて死亡してしまいます。今後はせん毛虫に食べられない工夫やその他の飼育条件の究明が課題となっています。また, わずか2mm足らずの稚イカに与える餌も分かっていません。

ちょっと一息　「おもしろい行動」　ホタルイカの奇妙な行動を三つ紹介しましょう。一つ目は, 網などでホタルイカを空中にすくい出すと, 外套膜を硬く小さくして球形のコマのような形になります（写真122）。触ってみると, とてもホタルイカとは思えないくらいに硬くなっています。非常事態に身を硬くしてケガをしないようにするのは, 普通の動物にもよく見られることですが, ホタルイカも同じように生きのびるための本能なのかもしれません。二つ目は, ホタルイカを水槽内で観察していると, 突然体を丸めてダンゴのように丸まってしまうことがあります（写真123）。

ホタルイカとホタルイカモドキ

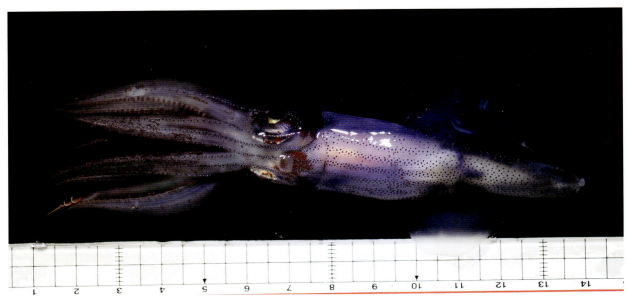

ホタルイカモドキ　写真127

ホタルイカモドキとホタルイカ　写真128
（左の黒っぽいイカがホタルイカモドキで，右半分はホタルイカです。）

特別に何の刺激も与えていなくても起こります。まるでアンモナイトの時代にさかのぼったみたいです。この行動の意味は分かりません。他の種類のイカでも見られるそうです。三つ目は，光に対する行動です。イカは集魚灯でも知られているように光に集まる性質があります。それに対してホタルイカは，水槽内では明るくすると遊泳運動をやめて底の方に沈み，暗くすると再び水面の方に向かって泳ぎ始めますが，ときには明るいときでも活発に泳ぐこともあります。ホタルイカを大きな水槽で飼育すると影になっているところに集まる傾向があります（写真124）。イカと光に関する研究では，『スルメイカなどでも，集魚灯の強い光が遮られる船の影になっているところに集まっている（四方他, 2011）。』といわれています。イカと光の関係は，おもしろい研究課題です。

（2）なぜホタルイカが富山湾の東側に多く集まるのだろう　富山湾のホタルイカ漁の定置網の分布をみると，県の東部とくに早月川をはさんで滑川市と魚津市に多くあることが分かります。この海域には，剱岳などを源流とした早月川がありますが，この付近の海は沖に向かって急激に深くなっているところで，ホタルイカが産卵期に集まる水深200〜250mの海底が，富山湾で最も岸に近くに迫っているところと一致します。ここは国の特別天然記念物「ホタルイカ群遊海面」として指定されている海域ともなっています。このことからこの海域の地形的な理由があげられます。また，水産研究所の南條暢聡博士の話によると「一般的に沖合より沿岸の方が，河川等からの栄養塩類の流入により植物プランクトンや動物プランクトンが多く，稚イカや幼魚などが増殖しやすくなる。」とのことで，栄養条件も沿岸近くに来る条件の一つにも考えられます。

（3）その他の謎
・皮膚発光にはカウンターシェーディング以外の目的があるのだろうか。
・眼発光器は何のためにあるのだろうか。
・オスとメスは深海でどのような行動をしているのだろうか（交接の仕方・集団行動・オスとメスの行動）。
・ホタルイカが発光するのは成長のどの段階からだろうか。
などまだ分からないことが多いだけにホタルイカの研究のおもしろさは尽きません。

ちょっと一息　　　「ホタルイカモドキ」　ホタルイカの定置網には，ホタルイカとよく似たホタルイカモドキが捕れることがあります。ホタルイカは赤褐色ですが，ホタルイカモドキは黒っぽい紫色をしています。もっとよく見ると，腕の先に腕発光器がないので見分けることができます。ホタルイカモドキの大きさは，ホタルイカの産卵期には同じくらいの大きさなので，ちょっと見ただけでは区別がつきません（写真127,128）。ホタルイカモドキは，食用には適さないようです。

ホタルイカ（上）とホタルイカモドキ（下）写真129

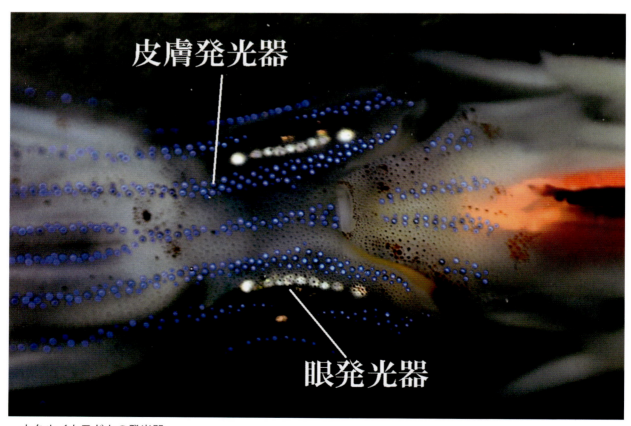

ホタルイカモドキの発光器
（皮膚発光器が規則正しく配列，眼発光器が九つあります）写真130

「ホタルイカの素顔（奥谷, 2000）」を参考にホタルイカとホタルイカモドキを比べてみました。

	ホタルイカ	ホタルイカモドキ
外套膜の長さ	約6㎝　最大7㎝	最大13cm
外套長に対する ヒレの長さ	60～70％	75％
腕発光器	第4腕の先端に3個ずつ	なし
眼発光器	左右各5個	左右各9個
皮膚発光器（写真）	外套膜，頭部，腕，ロートの腹面に不規則に配列　青と緑の反射層	ホタルイカと同じ部位にあるが，外套膜の腹面は8列 紫色の反射層
触腕	短い	長い
その他	日本近海 富山湾では春の産卵が多い	北海道を除く日本近海 夏に産卵
外套膜の先端		長いゼラチン質の尾を持つ

（写真 129,130）

8 ホタルイカに関連する施設

ほたるいかミュージアム　　ホタルイカをメインテーマにした世界唯一のミュージアムで，ホタルイカの生態，形態，発光が見られ，観察や体験を通じてホタルイカに親しむことができます（写真131）。

所在地：富山県滑川市中川原410　電話番号：076-476-9300

交通アクセス：滑川ICから車で約10分，あいの風鉄道滑川駅から徒歩で約8分

開館時間：午前9：00～午後5：00

休館日：6/1～3/19の毎週火曜日及び年末年始，火曜日が祝日のときはその翌日

- ホタルイカ　ライブシアター（写真133）　その日の早朝捕れた数100匹のホタルイカの発光を観賞できる（3月20日～5月下旬）
- ミュージアムシアター　ホタルイカについての映像が観賞できる
- 展示ホール　ホタルイカについての生態・発光・成長過程などの解説と写真展示
- 深海不思議の泉　深層水の魚や生きたホタルイカに触れる体験プール（写真132）
- ミュージアムギャラリー　ホタルイカや滑川市についての情報検索
- その他：ホタルイカの産卵水槽・観察ミニ水槽・その他の発光動物の水槽（展示できないときもあります）

隣接してアクアスポット（水深330mの深層水の提供），タラソピア（深層水体験施設），道の駅，パノラマレストラン「光彩」などがあります。

http//www.hotaruikamuseum.com

「ほたるいかミュージアム」写真131

深海不思議の泉　写真132

発光ライブショー　写真133　　　　（写真はすべてほたるいかミュージアム提供）

魚津水族館　　大正2年に創立し，国内最古の歴史をもつ水族館。当初からホタルイカやマツカサウオなどの発光生物を扱っており，国内外の研究者が訪れる研究拠点となっている。現在は3代目で，2013年に創立100周年を迎え，「富山にこだわった水族館」としてリニューアルし，富山の環境や生物を知る学びの場となっています（写真134-1）。

所在地：富山県魚津市三ケ1390　**電話番号**：0765-24-4100

交通アクセス：　　魚津ICまたは滑川ICから車で15分

　　　　　　　　　　富山地方鉄道　西魚津駅から徒歩で約20分

　　　　　　　開館時間：午前9：00～午後5：00　　　休館日：12/29～1/1

ホタルイカの腕発光と生態展示　　3月中旬～5月末

ホタルイカ発光実験（詳しい解説と発光観察）（写真134-2）　期間中の日・祝日

展示内容

・約330種10,000点の生き物

・富山の河川コーナー

・田んぼの生物多様性コーナー

・波の水槽

・表層生物コーナー（海中トンネルのある富山湾大水槽）

・深海生物コーナー　ベニズワイガニ，ゲンゲなど

・その他，お魚ショー，ジャングルコーナー，サンゴ礁コーナー，ピラルク水槽，バックヤードコーナー，アザラシ・ペンギンプール，特別展示コーナーなどがあります。

http://www.uozu-aquarium.jp

魚津水族館　　（魚津水族館提供）写真134-1

ホタルイカ発光実験　　（魚津水族館提供）写真134-2

富山県農林水産総合技術センター　水産研究所　　前身である富山県水産講習所創立以来115年目を迎える研究所で，漁業調査船「立山丸」（写真136）や栽培漁業調査船「はやつき」（写真137）などを有し，海洋及び内水面の漁業に関する調査・研究・指導を行っています（写真135～137）。

所在地：富山県滑川市高塚364 電話076-475-0036

交通アクセス：あいの風鉄道滑川駅より徒歩15分，滑川ICから車で10分

主な業務：資源管理モニタリング，海洋観測・各種魚種の資源・生態学(せいたいがく)調査（ベニズワイガニ，ホタルイカ，シラエビ，アユ，サケ，サクラマス）栽培(さいばい)漁業など多岐(たき)にわたります。

水産研究所　写真135

漁業調査船「立山丸」　写真136

栽培漁業調査船　写真137
（いずれも水産研究所提供）

付録　ホタルイカの解剖

　本文中，写真では分からないところを補うために，ホタルイカの解剖の方法と解剖図を載せてみました（本文中のa，bなどの文字は写真のa，bに対応しています）。解剖図については「魚津の三大奇観（平崎，1956）」，「世界のイカ類図鑑（奥谷，2000）」，「続烏賊解剖学のススメ（窪寺，2007）」，「水産動物解剖図譜（広瀬他，2006）」を参考に，また東京海洋大学の土屋光太郎博士のご指導をいただきまとめました。

1．準備するもの　解剖器具（写真138）としては，解剖皿（発泡スチロールのトレーなど），解剖バサミ（普通のハサミでもできます），ピンセット，柄付き針，ルーペ，黒い下敷き（透明なものや発光器を観察するとき使います），スポイト，物差，ケント紙（スケッチをするためのものです），鉛筆，消しゴム，タオル，キッチンペーパーなどを用意します。

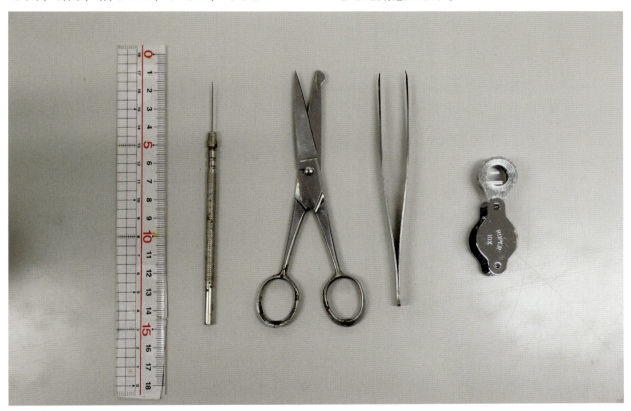

解剖器具　写真138

2．ホタルイカの外側　解剖皿にホタルイカの体が浸るぐらいの海水を入れ，ホタルイカの腕を上にして，腹側（ロートのある方）をスケッチします。解剖図は「ホタルイカの体とはたらき」のページを参考にして下さい。

（1）ホタルイカの前後左右を確かめる　腕を右にして背中（黒っぽい方）が見えるように置いた状態で前後左右が決まります（写真139）。

（2）**オスかメスか調べます**　ほとんどがメスなのでオスと比較することはできませんが，オスは胴体が円錐形なのに対してメスは円筒形のイメージです。

（3）**次の部分の大きさを測る**　外套膜の長さと幅，ヒレの長さを測ります。

ホタルイカ（メス）の背中側　写真139

（4）**ルーペで色素胞を観察する**　ルーペは目に近付けて，ルーペと顔を一緒に動かしてピントを合わせます。こうすると範囲が広がります。

（5）**発光器などを観察する**　腹側にある発光器を調べます（腕発光器称a,皮膚発光器b,眼発光器c）。皮膚発光器は黒い下敷きの上においてLEDライトで照らしてみると，青と緑の発光器の色が反射してきれいに見分けることができます（写真140）。

ホタルイカ（メス）の腹側　写真140

（6）**腕のつき方を調べる**　第1腕d，第2腕e，第3腕f，第4腕gまでの4対と触腕hの1対があり，触腕だけが他の腕とちがった位置（第3腕と第4腕の内側）から出ています。

（7）**腕にあるカギと吸盤を調べる**　先端部分には吸盤i，それに続いてカギjがあります。ルーペで確かめましょう（写真140）。

（8）**眼を観察する**　大きさや色，体に対してのつき方などを見ます。

3．ホタルイカの内臓　海水を捨て，ホタルイカの下にキッチンペーパーを敷き，腹側（ロートのあるところ）の外套膜をピンセットでつまみあげて，解剖バサミの丸いところを下にして外套膜を最後まで切り開きます（写真141）。先が鋭いハサミのときは内臓が傷つかないように注意しましょう（墨汁のうを切らないこと）。

腹側（ロートのある側）にハサミを入れます　写真141

次のページにあるホタルイカの内臓の写真142を見ながら進めていきましょう。

（1）**オスかメスかを調べる**

成熟したメスの特徴を参考にして下さい。

・外套膜はふっくらとして円筒形をしています。

（オスは円錐形）

・第4碗の先端が同じ形をしています。オスは右の第4碗が変形しています。

（後に出てくるオスの解剖図と比較して下さい）

・背中の付け根に外套膜を通して精きょうが見えます。

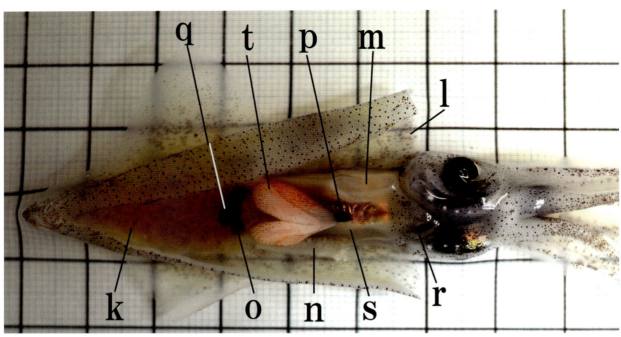

ホタルイカ（メス）の内臓　写真142

（2）卵の色や形を調べる

　ルーペで確かめます。メスは内臓の半分くらいが卵のつまった卵巣kで占められています（写真142）。

（3）次の器官の場所と形や色を確かめる

・ボタンl	外套膜のヘリにある硬い突起で外套軟骨といいます。指で触ってみましょう。
・ボタン穴m	ロート側にある少し硬いくぼみでロート軟骨といいます。
・エラnとエラ心臓o	半透明で鳥の羽のような器官がエラです。エラの付け根にある灰色がかった薄緑色の球形の器官がエラ心臓です。生きているときは、エラ心臓の拍動を観察することができます。スポイトで海水をかけるとエラがひろがります。
・肝臓p	左右のエラの間にある赤褐色の大きな器官が肝臓です。
・胃q	エラ心臓の下方に、卵巣に覆われて少し見にくいのですが、肝臓よりも濃い褐色の胃があります。
・ロートrとロートけん引筋s	ロートは科学実験で使うロートと似た形で、内臓側が広く外側に向かって徐々に細くなっています。ロートの左右には肝臓に沿って白く丈夫な筋肉が走っています。これが、ロートけん引筋です。
・輸卵管腺t	肝臓の上にハート型の輸卵管腺があります。ここまで終わったら、外套膜と腕を左右の手で持ってゆっくり外套膜と内臓をひきはがします（写真143）。

外套膜と腕を持って両手でゆっくり引きはがします　写真143

（4）肝臓の上下に沿って走っている消化管を観察する
・食道，胃，消化盲のう，墨汁のうを確認します。解剖図（メス）図13を見ながら観察してください。

（5）その他の器官にも挑戦してみましょう。

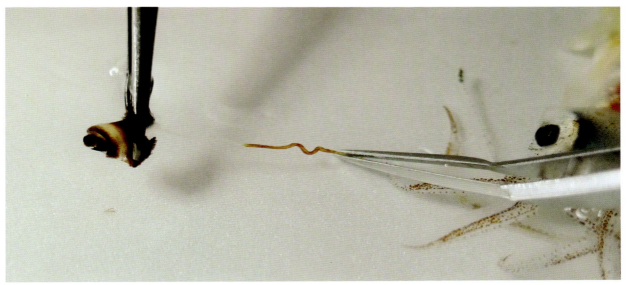

ピンセットで口球を取りだしたところです（細く長い管は食道です）写真144

- カラストンビ　腕の中央からハサミを入れて口球を取りだします。その中にカラストンビがあります（写真144）。
- 眼の水晶体　眼球を取り出し大きさを測ってみましょう。眼球を傷つけると中の液が飛び出すので注意しましょう。
　　　　　　　ピンセットを使って眼球内の水晶体を取り出し，形や透明度を観察しましょう。

- **星状神経節** はがした外套膜の肝臓があったあたりに，星形に伸びた神経が左右に二つ見えます。これが星状神経節です。
- **脳神経節** 両眼の間をハサミで切り離すと，中に灰白色をした球形の脳神経節があり，眼球の近くに大きな神経節である視葉があります。
- **軟甲** 外套膜の中央に少し硬い部分があります。これを手でつまみ取りだすと透明な軟甲が出てきます（写真145）。

外套膜から軟甲を取り出しているところです　写真145

　解剖が終わったら，川などに流さずに植物の根元などに埋めてやりましょう。ホタルイカは土の中の細菌やカビに分解されて，植物に吸収される栄養となります。

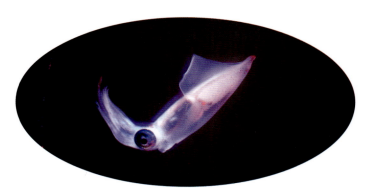

不思議の海の妖精

解剖図（メス）

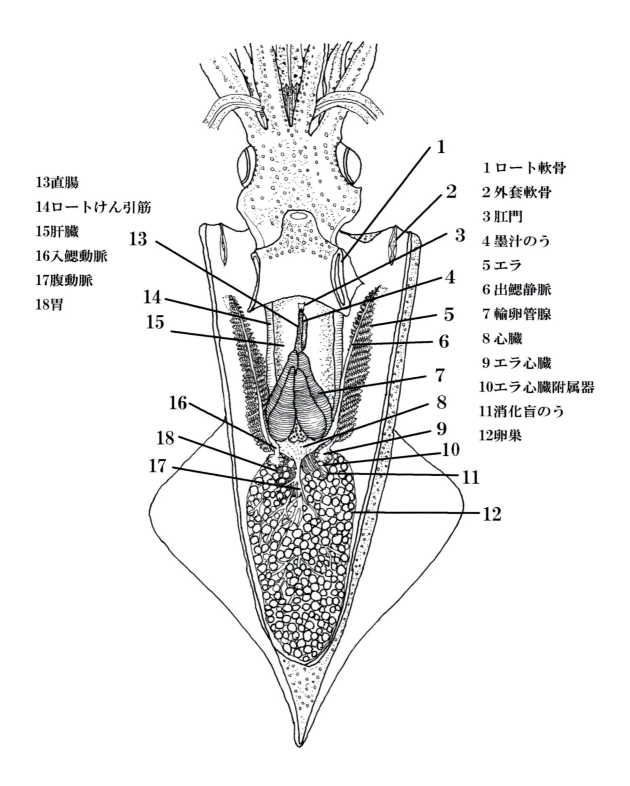

ホタルイカ（メス）の内臓　図13

解剖図（オス）

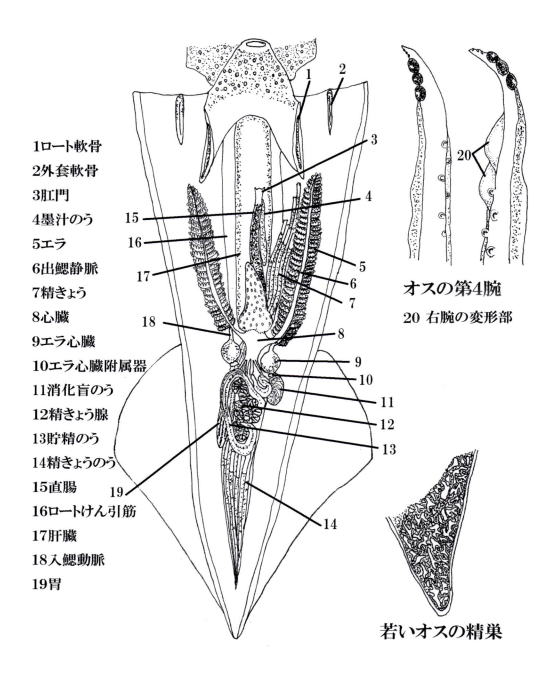

ホタルイカ（オス）の内臓　図14

おわりに

　十数年前から，「ホタルイカ解剖教室」やホタルイカについての話をする機会が何度かありました。そのたびにこの小さな生き物について，皆さんの関心や探究心の大きさに驚かされていました。そのころから，ホタルイカについてのガイドブックができればいいと考えるようになりました。そこでホタルイカの資料をまとめてみましたが，もとより専門でもない私にとって無謀ともいえる作業でした。ふるさとの身近な生き物であるホタルイカのことを少しでも知りたいという思いで始めたのですが，分らないことが多すぎるのと，どのように伝えればいいかと思い悩むばかりでした。この本ができたのは，書くきっかけを作って下さった高校の同級生である菅田安男君をはじめ多くの知人，友人の後押しがあったからです。この場をお借りして感謝申し上げます。本当にありがとうございました。70の手習い？となりましたが，分らないことを先輩諸氏に訪ね歩くことから始めました。その都度，親切で温かいご指導に触れ今日まで導かれてきました。ここに心からお礼申し上げます。なかには間違いや，独断と偏見があるかと思いますが，ご指摘いただき，少しでも正確で充実した内容にしていければと念じています。ささやかなガイドブックですが，ホタルイカに関心を持っていただくきっかけになれば幸いです。

　とりわけ，魚津水族館館長稲村修博士には，たび重なる監修と，多くのご指導，ご助言をいただき発刊までこぎつけることができましたことを改めて心より感謝いたします。

　今そこにある自然が，いかに魅力的で「私」とつながっているかという思いに駆られます。調べれば調べるほど謎が深まるホタルイカ，たどり着けないからこそ夢や希望が果てしなく広がります。ホタルイカを調べてきて感じることは，いかにあるがままの自然がすばらしく大切であるかということでした。ここにホタルイカにかかわることができた幸せと支えて下さった方々に感謝しながら筆を置きたいと思います。

　平成28年5月

　　　　　　　　　　　　　　　　　　　　　　　　　　　　　　　　　　山本勝博

引用文献

青山庄・樋上義伸・高橋洋一・吉光裕・草島義徳・広野禎介・高柳尹立・赤尾信明・近藤力王至, 1996. 旋尾線虫幼虫type Xの関与が強く示唆されたホタルイカ生食による急性腹症10例の臨床的検討. 日本消化器病学会雑誌第93巻第5号.

稲村修, 1994. ほたるいかのはなし. 魚津水族館・魚津市教育委員会.

稲村修・張勁, 2008. ホタルイカの発光の目的に迫る. 海洋号外31海洋出版.

稲村修・近藤紀巳・大森清孝, 1990. ホタルイカの皮膚発光器の観察. 横須賀市博研報（自然）38号.

内山勇, 2001. 富山湾におけるホタルイカの資源動向（富山湾・若狭湾）漁場生産力モデル開発基礎調査総括報告書. 江原有信・市村俊英供編, 1981, 旺文社生物辞典. 旺文社.

奥谷喬司, 2000. ホタルイカの素顔. 東海大学出版会.

奥谷喬司, 2005. 世界イカ類図鑑. 全国いか加工業協同組合.

奥谷喬司, 2009. イカはしゃべるし空も飛ぶ（新装版）. ブルーバックス講談社.

奥谷喬司編著, 1995. イカの春秋. 成山堂書店.

海上保安庁, 2000. 富山湾海底地形図. NO.6662.

圍久江, 1984. 海洋発光生物の化学的研究. 圍久江学位論文.

杵島正洋・松本直記・左巻建男, 2014. 新しい高校地学の教科書. ブルーバックス講談社.

鬼頭勇次・清道正嗣・成田欣弥他・道之前允直, 1992 ホタルイカにとっての三原色. 日経サイエンス.

木下正博・市瀬和義, 2000. 富山湾における上位蜃気楼の発生理由 日本気象学会機関誌. 天気49.1.

窪寺恒己, 2007. 烏賊解剖学のススメ・続烏賊解剖学のススメ. 教科研究理科No.184,185 学校図書株式会社.

四方崇文・島敏明・稲田博史他, 2011. イカ釣り操業時に船上投光により形成される船底下陰影部のスルメイカの誘集・釣獲過程における役割. 日本水産学会誌vol.77.

住吉有美子・三室幸恵, 1995. ホタルイカの研究. 富山県立滑川高等学校生物部.

竹嶋光男, 1966. ホタルイカ. 滑川市教育委員会.

富山県食品研究所, 2005. 富山の特産物機能成分データ集.

富山県食品研究所（編）, 1991. 地域特産物の栄養評価試験報告書.

滑川市博物館, 2015. 大蛸からホタルイカへ 滑川名物史話.

滑川町役場, 1923. 越中滑川浦二大奇観5版.

日本海洋学会・沿岸海洋研究部会・「沿岸海洋誌」編集委員会編著, 1987. 日本全国沿岸海洋誌. 東海大学出版会.

羽根田弥太, 1985. 発光生物. 恒星社厚生閣.

林清志, 1989. ホタルイカの産卵行動と卵発生及び卵の発生速度. 富山県水産試験場業績A第1号.

林清志・今村明, 1995. 富山湾のホタルイカ漁. 「ていち」NO.87.

林清志, 1995．富山湾産ホタルイカの資源生物学的研究．富山県水産試験場研究報告第7号．

林清志・平川和正, 1997. 富山湾産ホタルイカの餌生物組成．日本海区水産研究所報告47.

平崎菊太郎, 1956．魚津の三大奇観．魚津市役所．

廣瀬一美・鈴木伸洋・岡本信明, 2006．水産動物解剖図譜．成山堂書店．

広田寿三郎編著, 1980．ふるさとの想い出写真集魚津．KK国書刊行会．

藤井昭二, 2000．大地の記憶（富山の自然史）．桂書房．

藤井昭二編著, 1974．富山湾．巧玄出版．

道之前允直・鬼頭勇次, 2009．ホタルイカと光（視覚と発光と環境光）．海洋と生物182 vol. 31 NO. 3．生物研究社．

道之前允直・石川正樹・鬼頭勇次他, 2009．ホタルイカと光（ホタルイカの身投げ）．海洋と生物 182 vol. 31 NO. 3．

八杉龍一・小関治男・古谷雅樹・日高敏隆編集, 1996．岩波生物学辞典 第4版．

山路勇, 1969．日本海洋プランクトン図鑑．保育社．

山本護太郎編, 1973． 海洋学講座9海洋生態学．東京大学出版会．

湯口能生夫, 1979． 富山湾におけるホタルイカの早期来遊群の性状について．富山県水産試験場 昭和57年指定調査研究中間報告．

協力者（敬称略）————————————————————————————

石須秀知・梅沢哲夫・勝山敏一

小島崇義・小林昌樹他「ほたるいかミュージアム」の職員の方々

佐々木紀明・菅田安男・砂子良治・土肥清美・水井秀逸・村上康憲・安井一朗

折橋商店・魚津水族館・株式会社すがの印刷・滑川市立博物館

ほたるいかミュージアム

著者プロフィール

山本勝博（やまもと かつひろ）

1939年滑川市生まれ

富山大学教育学部第一中等科卒業

生物の教諭として富山県立雄峰高等学校通信制，富山県立滑川高等学校，富山県立魚津高等学校を歴任し，平成12年3月退職

退職後地域の子供たちに「ホタルイカ解剖教室」を開く。その他ビオトープやホタルの飼育，観察などを指導

現在　滑川市文化財保護調査委員会委員，「ほたるいかミュージアム」アドバイザー

住所　〒936-0808 富山県滑川市追分3817　Tel・Fax 076-477-1527

監修者プロフィール

稲村　修（いなむら おさむ）

魚津水族館館長　博士（環境科学）

1957年　下新川郡入善町生まれ

東海大学海洋学部水産学科卒業

北海道大学大学院環境科学院博士後期課程単位取得退学

富山県立魚津高等学校の生物部に属していたときが山本先生との出会いで，それから40年以上が経って，山本先生の出版にあたり監修という形で協力参画させていただいた

魚津水族館　〒937-0857 富山県魚津市三ケ1390　Tel 0765-24-4100

e-mail suizoku@city.uozu.toyama.jp

専門分野　魚類学，生態学，環境科学

主な著書　「富山のさかな」（監修），「魚津のさかな」（監修），「ほたるいかのはなし」など

ホタルイカ
―不思議の海の妖精たち―

定価：1,300円＋税

2016年5月16日　初版発行

著　者　　山本勝博
監　修　　稲村　修
編集協力　滑川市・滑川市教育委員会
発行者　　勝山敏一
印　刷　　株式会社 すがの印刷
発行所　　桂 書 房
　　　　　〒930-0103 富山市北代3683-11
　　　　　電話(076)434-4600　FAX(076)434-4617

地方・小出版流通センター扱い

＊造本には十分注意しておりますが、万一、落丁・乱丁などの不良品が
　ありましたら送料当社負担でお取替えいたします。
＊本書の一部あるいは全部を、無断で複写複製(コピー)することは、法
　律で認められた場合を除き、著作者および出版社の権利の侵害となり
　ます。あらかじめ小社あて許諾を求めて下さい。